APERÇU

SUR

LA GÉOLOGIE

ET L'AGRICULTURE

DU DÉPARTEMENT DE LA HAUTE-LOIRE

ET PAYS LIMITROPHES,

Précédé de Notes historiques sur l'ancien état du Velay ; et suivi d'un Itinéraire, pour faciliter les recherches des Amateurs en Histoire naturelle.

Par Alphonse Aulagnier,

Associé Correspondant de plusieurs Sociétés savantes.

O fortunatos nimiùm sua si bona norint !
Virg., *Georg.*, Lib. 2.ᶜ

AU PUY,

A LA LIBRAIRIE DE J.-B. LA COMBE, BOULEVART *St.-Louis.*

1823.

DE L'IMPRIMERIE DE PASQUET PÈRE ET FILS,
SUCCESSEURS DE J.-B. LA COMBE, IMPRIMEUR DU ROI.

À Monsieur

De Bastard d'Estang,

Maître des Requêtes,

Préfet de la Haute-Loire,

Ch.er de l'ordre royal de la Légion-d'honneur.

Monsieur le Préfet,

Vous, dont l'administration toute paternelle vient de résoudre une question politique ardue, celle de réunir les opinions les plus divergentes, en rétablissant la sécurité dans les esprits agités par les passions et la dissidence de la pensée, vous avez démontré, par le fait, qu'avec la justice sagement distribuée on peut faire succéder la concorde et l'espérance d'un bonheur prochain là où une étincelle aurait pu causer un grand embrasement.

Veuillez accepter la Dédicace d'un Ouvrage dont le fond peut être essentiellement utile à tous les *habitans de ces hautes régions, et au Gouvernement que vous représentez avec tant de sagesse : il est le fruit de trente années d'études et d'observations ; je ne les ai faites que dans l'intérêt de mes compatriotes et dans celui de l'État, auquel mon travail peut fournir quelques renseignemens pour confectionner la Statistique de ce département.*

Sous vos auspices, Monsieur le PRÉFET, il sera accueilli, parce que vos vues pour le bonheur de vos administrés ne sont point équivoques.

Protégé par vous, mes leçons pourront germer et se développer avec d'autant plus de succès que leur cause est légitime ; et vous encouragerez ceux qui sacrifient leurs veilles et leur existence au bonheur de l'humanité.

C'est dans cette agréable espérance que j'ai l'honneur d'être, avec respect,

MONSIEUR LE PRÉFET,

Votre très-humble et très-obéissant
Serviteur.

ALPHONSE AULAGNIER.

PRÉFACE.

Chacun doit au pays qui l'a vu naître, ou à l'association dont il fait partie, un tribut quelconque d'utilité, dans la sphère où ses connaissances acquises l'ont placé.

Celui-là serait coupable envers la société, qui, ayant étudié la nature et observé quelques-uns de ses nombreux phénomènes, ne transmettrait pas à ses contemporains le résultat de ses observations : s'il a fait ses efforts pour être utile, il a rempli sa tâche envers ses coassociés ; il n'est pas tenu à autre chose.

Malheur à l'égoïste ou au misanthrope qui, calculant sur la reconnaissance des hommes, se rebuterait de leur ingratitude ! Le bien qu'on fait doit être indépendant de tout intérêt personnel ; sans cela, il n'a pas de mérite.

En présentant cet Aperçu à mes compatriotes, je n'ai d'autre intention que celle d'ouvrir une vaste carrière, afin que des hommes plus habiles puissent l'explorer avec succès. Sous ce rapport, j'ose espérer qu'on fera grâce à la diction, pour ne considérer que la chose.

Si, quelquefois, le cours de la matière m'entraîne hors du sujet que je me suis proposé, et que je me permette quelque digression qui paraîtrait s'en écarter, le lecteur indulgent voudra bien n'appliquer mes intentions qu'à l'utilité générale, qui seule a guidé ma plume.

Je serai souvent obligé d'appuyer mes assertions par des faits positifs et par des exemples, pour convaincre l'homme judicieux et impartial du danger qu'on court à s'engouer de certaines routines, ou de quelques préjugés d'autant plus funestes qu'ils sont sanctionnés par l'usage et consacrés par la tradition.

A diverses époques de ma vie, j'ai parcouru une grande partie de la France, et j'ai toujours cherché à m'instruire de ce qui pouvait m'être utile ou qui tendait à satisfaire ma curiosité studieuse ; et autant que mes facultés intellectuelles me l'ont permis, tout ce qui s'est présenté à mes regards a été suivi de quelque observation ; mais lorsqu'un objet ou un phénomène quelconque a été au-dessus de mes connaissances, de mes conceptions, je n'ai négligé aucun moyen pour trouver des personnes qui pussent m'instruire de ce que je désirais savoir. C'est donc par l'observation et la comparaison des mœurs, des usages et de tout ce qui est compris dans le cercle de nos besoins, que j'ai cru pouvoir appliquer à nos contrées divers procédés qui y sont inconnus.

L'élévation du sol que nous habitons ; son

peu d'éloignement des deux mers, dont les influences agissent en sens contraire sur notre atmosphère; les montagnes à l'*est* et au *sud*, qui nous dominent (les Alpes et les Pyrénées), tandis que les terres qui sont au nord et au nord-est, étant basses et planes, laissent un libre accès aux vents impétueux et froids qui nous arrivent de ces contrées: tous ces objets sont d'une telle importance pour l'observateur, que j'ai cru pouvoir provoquer l'étude de différens phénomènes qui en résultent.

Ne pouvant appliquer à notre globe une cause générale, puisée dans notre systême planétaire, qui ait pu influer sur l'irrégularité ou la variation qu'a éprouvé l'atmosphère qui embrasse certaines contrées de l'Europe, plus spécialement la France, j'ai cru devoir la chercher, ou dans le déboisement extraordinaire qui s'est opéré dans l'Allemagne et dans la Prusse, ou bien sur notre propre sol; et je me suis convaincu, par des observations exactement réitérées, que, si l'abatis des bois situés dans les bas-fonds ou dans les endroits marécageux tend à assainir l'air ambiant, en rendant ces pays plus tempérés, le déboisement des hauteurs est d'autant plus funeste, que les vents ne se trouvant plus arrêtés ni déviés dans leur impétuosité, au lieu de pluies bénignes et fécondantes, nous avons des grêles, des orages et des averses; que les sommités découvertes, exposées au contact des météores, ne pouvant plus retenir les terres qui les couvraient, elles se précipitent avec rapidité dans les vallées; que, réunies ou séparées des blocs de rochers qui les précèdent ou qui les suivent, les déclivités sont ravinées et les bas-fonds bouleversés dans leur état végétatif : de là, il résulte que les montagnes escarpées se trouvant nues et dégazonnées, les eaux ne pouvant y séjourner, beaucoup d'anciennes fontaines ont tari, et que de paisibles ruisseaux se sont changés en torrens dévastateurs.

Il y a plus de vingt-cinq ans que je me suis récrié contre les coupes inconsidérées des forêts; c'est en vain que j'ai voulu inspirer le goût des plantations, soit sur les bords des rivières, soit dans les terres vaines et vagues, soit enfin sur les sommités supérieures et moyennes, afin de leur faciliter le regazonnement, et de leur faire acquérir une couche graduelle de terre végétale.

Depuis Siaugues-Saint-Romain, par la Durande et Montbonnet, en suivant les plateaux ou les versans, tantôt au sud, tantôt au nord de cette chaîne de montagnes volcaniques, passant par La Glotonie, Rossignol, Trespeuix, Le Bouchet-Saint-Nicolas, jusqu'à Pradelles, et depuis cette dernière ville jusqu'à Montlaur; de là, courant par le

Mezin jusqu'au Maygal, à peine on peut trouver, par intervalles, quelques bouquets de pins ou quelques frênes épars.

Ne doit-on pas craindre que l'excès de la population qui habite ces pays montagneux n'occasionne, sous peu de temps, une disette absolue de bois de chauffage et de construction? Car, si les communes ou les grands propriétaires ne se déterminent bientôt à reboiser ces localités, ne court-on pas le risque de se trouver sans moyens pour nous garantir de l'âpreté de nos longs hivers (1)?

Comme il sera souvent fait mention, dans cet Ouvrage, des substances volcaniques qui établissent cette chaîne de hautes montagnes qui court depuis le Puy-de-Dôme jusqu'au Rhône, et, de là, jusqu'à l'extrémité du Dauphiné et de la Provence, où est situé le Mont-Ventoux, il me paraît indispensable

---

(1) Il en est de même de toutes les hautes montagnes de l'Auvergne et du Gévaudan; leurs sommités et leurs pendans immédiats sont déboisés, ce qui fait que les vents du sud, du sud-ouest et du nord-ouest n'étant pas déviés ou amortis, toutes les contrées de ce département qui se trouvent exposées à leur contact sont ravagées dans leur végétation, surtout les vallées qui leur présentent un accès facile; aussi voit-on annuellement de ces coups de vent si forts, que de gros arbres, qui avaient bravé des siècles, en sont abattus ou déracinés, et les céréales cassées ou couchées par zones. Cette agitation rompant leur tissu organique, elles ne peuvent parvenir à leur maturité; les grains se resserrent rapidement, et leurs substances pulpeuses ou farineuses n'acquièrent pas toute la consistance qui leur est nécessaire.

d'instruire un grand nombre de propriétaires agriculteurs, de la nature des volcans et de l'état géologique des localités ayant subi l'action d'un feu intense dans des temps reculés de nous.

En établissant aussi l'état et la constitution des terres diverses comprises dans la ligne ci-dessus déterminée, ainsi que celles qui gissent depuis le Forêt et Ambert jusqu'en-delà de la Margeride, je me vois obligé de faire précéder le tout par quelques notes historiques applicables à l'état ancien du pays. Je serai laconique autant que possible.

DISSERTATION PRÉLIMINAIRE.

De la Terre, des Volcans et de leur Nature.

Le Globe terrestre se compose d'une infinité de substances hétérogènes qui, toutes, sont nécessaires à la constitution et à l'utilité de tous les êtres qui vivent à sa surface, dans son sein et sous les eaux.

Ces substances se divisent en compactes ou solides : telles que les pierres, les métaux, les coraux, les nacres, les écailles, les minéraux, les cristallisations, les bois, les argiles, etc., etc.

En liquides ou fluides : telles que les eaux, quelques bitumes et autres matières qui se trouvent en état de liquéfaction, de viscosité ou de mobilité dans l'intérieur ou à la superficie de la terre (1).

---

(1) Ceci a besoin d'une explication : Je considère l'eau sous deux rapports : comme liquide et comme vapeur ; je la suppose changer son état de liquidité ou de densité en celui de fluidité ou de vapeur ; lorsque ses molécules ténues et élastiques, perdant leurs moyens de cohésion, se réduisent à l'état de gaz, alors elles pénètrent dans presque tous les corps, dont elles deviennent parties constituantes.

Comme l'eau est extrêmement avide de se combiner avec d'autres substances, par ses facultés miscibles, si elle s'unit à des matières lapidifiques et qu'elle rencontre toutes les circonstances qui lui conviennent, elle opère des cristallisations qui forment des corps opaques ou réfrangibles, selon l'état et les formes qu'elles prennent, ou selon l'homogénéité des matières qui entrent dans leur composition, par leurs rapports d'affinité ou de combinaison avec d'autres substances.

On voit, par cet aperçu, que les eaux des mers ont dû perdre de leur masse primitive, comme fluide ; mais cette diminution ne paraît pas sensible, à raison de leur volume immense.

En vapeurs : comme les divers gaz aériformes qu'on rencontre dans les galeries des carrières, des minières, dans toutes les cavités souterraines, dans les réservoirs d'eau que renferment les montagnes, ou dans les canaux qui servent naturellement ou industriellement à leur filtration.

En feu et calorique : le seul élément indécomposable, quoiqu'il présente deux effets distincts : la chaleur et la lumière.

On ignore ce que renferme le centre de la terre : s'il est plein et solide, s'il est creux, incandescent ou occupé par les eaux.

Sa surface est entourée d'une atmosphère très-étendue, formée par les gaz, les météores, et qui se divise en différens degrés ou régions. Ces gaz sont plus pesans, plus subtils ou plus raréfiés dans les unes que dans les autres; ils servent à la réfraction des rayons solaires. On y rencontre beaucoup d'autres substances aériformes, des nitreuses, des sulfureuses, des carbonniques, etc. L'air respirable, quoique composé de divers gaz et de corpuscules extrêmement ténues, fugaces et élastiques, est nécessaire à tous les êtres vivans ou végétans. Il pénètre dans presque tous les corps, comprime ou dilate les poumons, facilite ou arrête la digestion, selon sa pesanteur, sa rareté ou la diversité des substances qui le composent; il sert à élaborer et à faire circuler la sève dans les végétaux, à l'absorption des sucs et à la transpiration.

Pendant l'hiver, il est froid, humide et pesant; dans l'été, il est chaud et plus léger ; pendant le printemps et l'automne, il se trouve plus souvent dans la proportion nécessaire à la santé de tous les êtres organisés qui vivent stationnairement ou transumans.

Lorsque, pendant l'été, il se charge un peu trop de matières nitreuses et sulfureuses, de parties extrêmement ténues ou divisées en très-petites molécules, poussées par les vents et les marées atmosphériques, leur contact et leur frottement les électrisant, elles s'enflamment; alors elles produisent les éclairs et la foudre. S'il se charge, au contraire, de molécules aqueuses, et que ces molécules soient attirées à une certaine hauteur, elles se congèlent, donnent la grêle, qui, par sa pesanteur ou par les vents qui en poussent les parties les unes contre les autres, se précipite avec force sur les récoltes, et cause souvent la ruine de plusieurs contrées.

Il n'est aucun physicien moderne qui ne soit convaincu que toutes les planètes exercent les unes envers les autres une influence quelconque, en proportion de leur masse ou de leur étendue, de leur densité ou de leur éloignement respectif (1).

---

(1) Un corps dense exerce plus d'influence sur un autre corps que celui qui est léger, quoique ce dernier ait plus de surface.

Si donc le soleil et la lune, conjointement ou séparément l'un de l'autre, opèrent le flux et le reflux de la mer, par l'attraction ou par la pression, ils doivent bien plus influer sur les marées atmosphériques, puisque l'air qui reçoit leur impression immédiate est huit cents fois moins dense que l'eau, conséquemment plus élastique et plus facile à agiter.

Le nombre des substances hétérogènes qui forment ce que nous appelons collectivement *la Terre*, est incalculable; toutes contiennent plus ou moins de parties ignées. Il s'en trouve de très-combustibles et d'une facile inflammation. Le concours de quelques-unes réunies dans un grand espace, telles que les soufres, les bitumes, les nitres, les houilles, les pyrites et autres, mises en action par le contact de l'hydrogène et de l'oxigène, peuvent causer le bouleversement de plusieurs provinces, par le moindre accident imprévu, indépendant de toute intention humaine ainsi que de toute volonté.

La foudre, l'incendie d'une forêt, d'un village assis sur ces matières inflammables; l'introduction de certains gaz, de l'air atmosphérique au milieu de ces substances, suffisent pour former un foyer volcanique, surtout si ces localités se trouvent proche de la mer; et si d'autres circonstances, aussi fortuites, n'étouffent ce principe destructeur, il est impossible à l'esprit humain de calculer, ni l'étendue de pays qu'il peut embraser, ni la durée de son état d'ignition.

Lorsqu'une nuit obscure dérobe à notre perspicacité tout ce qu'il nous importerait de connaître; lorsqu'aucun fait historique, aucune tradition écrite ou orale, aucun monument hiéroglyphique ou symbolique ne nous présentent la moindre idée de l'état ancien du Velay, c'est-à-dire, avant la conquête des Gaules par les Romains, nous ne pouvons le parcourir qu'à tâtons; alors, comment pourrait-on hasarder des faits qui ne seraient étayés que par des conjectures, par des hypothèses, si la nature elle-même ne venait nous éclairer et nous découvrir ses phénomènes?

Pour ne pas nous fourvoyer dans ce dédale immense, il faudra suivre la marche qu'elle nous a tracée, et ne pas l'abandonner un seul instant; elle seule sera notre régulatrice, puisque c'est dans son livre que nous pouvons lire son histoire, qui est plus authentique et plus vraie que celle des empires et des nations qui, sans cesse, se déchirent quand les eaux et les feux des volcans ne les engloutissent ou ne les consument.

L'Histoire de France étant incertaine dans toute la première dynastie de ses rois, depuis Pharamond jusqu'à Charles-Martel, quoiqu'il soit dit que Clovis soumit à son empire toutes les contrées situées depuis la Seine jusqu'aux sources de la Loire, nous ne savons rien de précis sur le Velay, ou sur le pays des Velaviens, jusqu'à-peu-près au 8.ᵉ siècle.

Nous connaissons, de l'Histoire des Gaules, tout ce qui est renfermé dans l'espace de quatre siècles, depuis Marius jusqu'à l'invasion des Francs, parce que les Romains, qui en avaient fait la conquête, nous l'ont tranmis; car eux seuls les divisèrent en quatre parties : en Gaules narbonnaise, celtique, cymbrique et belgique (1); mais aucun de leurs historiens ne parle du Velay ni des Velauniens (2).

Les Romains, quoique conquérans, connaissaient non-seulement les sciences, les belles-lettres, où ils ont excellé, particulièrement dans l'art oratoire, la poésie et la législation, mais encore les arts utiles, les arts d'agrément, et notamment l'architecture.

L'esprit seul de conquête n'occupait pas toute

---

(1) Une cinquième fut appelée Aquitaine, *Aquitania*, en partie Ibérie, toutes comprises dans la dénomination générale de Gaule transalpine.

(2) Je pense que les Velaviens, habitans du pays de Velay, qui s'étendait depuis les hautes montagnes du Forêt jusqu'aux pendans des hautes montagnes du Vivarais, qui forment la chaîne volca-nique, c'est-à-dire, depuis Saint-Germain-Laprade jusqu'au-delà de Tence et de Saint-Ferréol, ne doivent pas être confondus avec les Velauniens, dont, primitivement, *Ruessium*, puis *Velaune*, du temps des Romains, furent les capitales.

Je les crois donc deux peuples distincts : le premier appartenant aux Éduens, et le dernier aux Arvernes ou Arverniens. J'invite les personnes instruites à faire des recherches; et je ne serais pas éloigné de penser qu'Yssingeaux eût été la capitale du pays des Velaviens.

leur ambition; celle de civiliser les nations, de les amener à la connaissance du juste et de l'injuste, du droit public et du droit des gens, par une législation positive et fixe, avait été l'objet de leurs profondes conceptions.

Sans eux, nous ignorerions si Bellovèze, neveu d'Ambigat, roi d'une partie des Gaules du temps de Tarquin l'ancien, était parti avec cent cinquante mille Gaulois pour aller former des établissemens en-delà des Alpes, le long de l'Héridan (le Pô); si Brennus, avec ses soldats, s'était rendu maître d'une partie de Rome. Sans leurs écrits, nous ne connaîtrions pas toutes les excursions faites, par nos aïeux, au-delà des Alpes et des Apennins; ce sont leurs historiens qui distinguèrent les habitans des Gaules en *Bracata* et en *Comata*; et lorsque Martial a dit (1) : « *Crinibus in nodum tortis venere Sicambri,* » il entendait désigner, non les Gaulois d'origine, ou les Celtes, mais bien les envahisseurs, ou une partie de ceux qui en avaient chassé les Romains; car, avant lui, ni Pausanias, ni Strabon, ni Lucain, ni Diodore de Sicile, ni même César n'ont écrit que les Gaulois portaient une longue chevelure.

---

(1) Les Francs, les Sicambres et beaucoup de peuples de la Germanie portaient une longue chevelure ; voilà pourquoi on les distinguait par *Comata*. Mais les Gaulois, peut-être même les Visigots, avec lesquels Alaric II avait conquis la Gaule narbonnaise, portaient les culottes fort larges ; de là le surnom de *Bracata*, qu'on appelle encore vulgairement, dans le Languedoc, dans l'Auvergne et le Velay, *Brayes*.

Tacite, le plus exact comme le plus savant de tous les historiens, distinguait la nation des Suèves de celle des autres Germains, par la manière de tordre leurs cheveux (TACIT., *De moribus Germanorum*, ch. 58.).

Claudian, Agathias et Grégoire de Tours sont d'avis que les Francs faisaient partie des Suèves.

De ce vers de Martial on pourrait déduire que les Sicambres étaient aussi compris parmi les Suèves ainsi que les Francs; car l'histoire rapporte que saint Remi, en sacrant Clovis I.er, fils de Childeric, lui dit : « *Lève ta tête, fier Sicambre !* »

Si Childeric, Clovis, Mérovée, Clodion et Pharamond étaient des Sicambres, ils avaient donc amené avec eux une partie de leur nation; ou bien on les confondait avec les Francs dans la dénomination générique de Suèves (1).

______

(1) Les Francs et les Suèves étaient originairement des Gaulois amenés, au nombre de cent cinquante mille, par Sigovèze, autre neveu d'Ambigat, 600 ans avant notre ère, dans la Germanie, pour s'y établir; ayant traversé la forêt d'Hercynie et conquis la Bohême, ils finirent par se fixer entre l'Elbe et le Weser, jusqu'à l'Océan. Les Semnons (*Semnones*) de Tacite, les plus puissans parmi les Suèves, étaient, à ce qu'on croit, les Senons (*Senones*) du pays de Sens, qui avaient suivi Sigovèze, et qui forment aujourd'hui les Saxons. Ils avaient adopté la coutume de porter la chevelure des Germains vaincus par eux, puisque les Gaulois et même les Romains la portaient courte.

Il est si difficile de se fixer une opinion précise sur un pays où la langue mère s'est perdue, et dont les conquérans n'ont rien écrit, ni sur leur propre origine ni sur leurs mœurs, qu'obligé de parcourir une infinité d'auteurs de tous les âges, de toutes les nations et parlant différens dialectes, par cela, forcé de s'en rapporter aux traducteurs, à moins de connaître soi-même beaucoup de langues mortes, le doute est souvent produit par les contradictions qui

Le Velay n'offrant rien de son état historique ancien, c'est-à-dire, avant que les Romains nous transmissent des notions sur la Celtique, ou sur les Gaules en général, car nous ignorons encore pourquoi on changea le nom de ses habitans, de Celtes en Gaulois, on doit être dès - lors très - circonspect dans les assertions qu'on pourrait hasarder sur les contrées où ils n'avaient pas établi des quartiers-généraux.

Par exemple, nous avons entendu parler, dans le pays, de *Ruessium*, grande ville très-populeuse des Gaules, entre les Éduens et les Arverniens (*OEdui* et *Arverni*) (1); après elle,

---

résultent des écrits et des écrivains, même contemporains. Par exemple : si les Senous ou *Senones* de Tacite, anciens habitans des environs de Sens, Celtes ou Gaulois, qui avaient suivi Sigovèze à la conquête de la Bohême ou de la Saxe, avaient formé la nation formidable des Suèves dont les Francs et les Sicambres faisaient partie, pourquoi ces peuples, après avoir franchi la Belgique et conquis les Gaules sur les Romains, avaient-ils soumis à l'esclavage les Gaulois, leurs compatriotes? Ils devaient affranchir leur ancienne patrie d'une domination étrangère, mais ne pas l'asservir eux-mêmes ni imposer à ses malheureux habitans un joug plus dur et plus pesant que celui sous lequel ils étaient déjà courbés.

On nous représente l'Europe couverte alors de grandes forêts, particulièrement les Gaules. Comment Ambigat pût-il obliger trois cent mille de ses sujets armés à émigrer et à aller former des établissemens ailleurs? Comment les divisa-t-il en deux corps d'armée, l'un destiné pour l'Orient, l'autre pour l'Occident, en les aventurant à la destinée ou à leur courage? Et comment, enfin, faire concevoir cet excès de population dans un pays peu cultivé, tandis que le beau sol de l'Italie était très-peuplé, et habité par des nations industrieuses et guerrières?.....

Je crois bien que les peuples du Nord, habitant sous un ciel brumeux et dans des régions âpres, ont dû chercher, pour améliorer leur sort, des contrées plus fécondes et plus tempérées, mais je ne puis me persuader que les habitans du Bourbonnais, du Berry, du Nivernais, de la Bourgogne, etc., etc., aient jamais pu préférer les bords de l'Ebre et du Weser à leur pays natal..

(1) *OEdui*, les Éduens, étaient une nation puissante de la Gaule celtique, qui comprenait le pays d'Autun, de la Bourgogne, de

de Velaune (*Velaunium*), capitale du pays des Velauniens. Pouvons-nous déterminer où l'une et l'autre de ces deux villes ont existé? Et quelques débris d'anciens édifices trouvés aux environs de Saint - Paulien , qu'on pense être l'ouvrage des Romains, peuvent-ils fixer notre opinion sur la place précise de ces deux villes?

Je me garderai bien de révoquer en doute le long séjour des Colonies romaines dans le Velay; mais ce pays ne leur présentait pas assez d'agrémens par son climat ni par ses productions, pour leur faire ériger de grands monumens, tels que ceux dont les débris annoncent la succession des siècles.

On voit, au-dessus de Goudet, les restes d'un ancien bourg ou village qui porte la dénomination d'*Antoni*; la racine de cette appellation étant romaine, elle peut se rapporter à *Antonius* ou à *Antoninus*, Antoine ou Antonin; mais les vestiges que j'ai vus ne représentent rien de la grandeur des Romains, aucun de leurs monumens. Je pense, au contraire, que la place

Châlons, de Mâcon, du Beaujolais, de la Bresse , du Lyonnais , du Forêt, etc. Ils étaient gouvernés par des Vergobrets , magistrats investis d'une grande puissance , pareille à la dictature ; ils firent alliance avec César , et ne furent point compris parmi les Gaulois conquis.

Les Arverniens (*Auvergnats*), peuples formidables, résistèrent long-temps aux Romains; ils furent enfin subjugués, plutôt par la trahison que par la force des armes. (*Vide* C. J. CÆSARIS Commentarii : *de Bello gallico* ; M. de BOTIDOUX : *Notas gallicas*; TACITE : *de moribus Germanorum* ; CHARYSIUS , STRABO : *Rerum geographicarum*.)

d'Antoni était celle de leur camp; car ils étaient tous sur les hauteurs.

L'Histoire ancienne fait mention de Ninive (1) et de Babylone, superbes et immenses métropoles de l'empire des Assyriens; on donne Nembrod ou Bélus pour fondateurs de Babylone. Cette ville, la plus célèbre de l'antiquité, par ses palais, ses remparts, surtout par le tombeau de Ninus, n'a pas plus laissé de vestiges que Troyes, Suze, Sardes, Bactres, Ecbatane et Tyr (2).

On ne connaît pas non plus où était la nouvelle Phénicie, la nouvelle Tyr. Était-ce sur la côte d'Angole, du Congo ou du Loango, sur les bords du Zaïre? ou se trouvaient-elles plus rapprochées du Cap-de-Bonne-Espérance? Les peuples qui les habitaient pendant les découvertes des Phéniciens étaient anthropophages; ceux qui y résident aujourd'hui le sont aussi.

On ne sait pas mieux les places où étaient le Port-Blanc et le Port-Bérénice, sur les bords de la Mer Rouge, d'où Salomon, ainsi que les Phéniciens, envoyaient leurs nombreuses flottes autour de l'Afrique méridionale, par le détroit (d'*Hostium Luctus*), Porte-de-Deuil, à présent Babel-Mandel, par le canal de Mozambique, entre Méthussias (Madagascar) et la côte d'Ophyr, qui paraît être celle de Zanguebar (*Voyez* Diodore

---

(1) On croit qu'Assur, chef de la dynastie des rois assyriens, la fit construire.

(2) La *Tyr*, capitale de la Phénicie, une des plus grandes, des plus populeuses et des plus célèbres villes du Monde, n'est pas celle qu'assiégèrent et prirent les Croisés.

de Sicile, Strabon, Pomponius-Mela, Pitheas, *et les Cartes anciennes*).

Est-on assuré, dans les états Romains, de la place précise d'Albe-la-Longue, rivale de Rome? Connaît-on celles de Persépolis, de Memphis, de Copthos, de This, de Ramassé, de Misraïm? Et la Thèbes aux cent portes ou palais n'est-elle pas envahie par les déserts, ainsi que la superbe Palmyre, qui a tant illustré la résistance héroïque de Zénobie et du malheureux Longin?

Les nations anciennes avaient des historiens qui transmettaient les faits remarquables, ou par des caractères convenus dans les diverses langues primitives, ou par des hiéroglyphes (1). C'est par eux que nous sont parvenus les ouvrages de Sanchoniaton, d'Hérodote, d'Esdras, de Ctésias, de Mégastène, de Philon, etc.

____

(1) Les nations gouvernées par la théocratie n'avaient point de caractères publics pour transmettre les faits historiques. Les hiéroglyphes n'exprimaient pas toujours ce qu'ils semblaient indiquer ; mais les prêtres du paganisme avaient un langage sacré, qui n'était écrit que par eux et dans des caractères qu'eux seuls connaissaient. Les faits et les époques les plus remarquables étaient transmis par la tradition orale ; ce ne fut que lorsque les chefs du gouvernement eurent séparé l'administration civile de l'administration sacerdotale , que des caractères convenus consignèrent les objets dont on voulait conserver des souvenirs positifs. Il n'y eut donc que les prêtres et quelques initiés qui participèrent aux mystères qu'on voulait cacher à la multitude.

En Chine, les Mandarins appelés lettrés furent les seuls dépositaires des faits historiques ; en Chaldée, les Mages, par le *Zend-Avesta* ; dans les Indes, par le *Hanscret*. En Égypte, on se servait d'un dialecte sacré qui ne sortait point des temples ; mais les initiés s'étant répandus sur d'autres contrées , ils y établirent de nouveaux systèmes, chacun selon l'étendue de ses connaissances ou de son imagination : tels furent les Bachus, les Osyris, les Hermès, les Orphée, Platon, Zenon, Pythagore. Numa, les Pythies, les Sybilles, etc. , etc.

(23)

Les Égyptiens et les Éthiopiens n'ayant d'autres caractères publiquement connus que les symboliques, quoique l'un et l'autre peuple eussent une langue mère, Moïse, qui avait reçu son éducation dans le palais des Pharaons, ou parmi les prêtres d'Isis et d'Osiris, ne peut avoir transmis les Tables de la loi, qu'il reçut sur le mont Sinaï, que par ces caractères, et les Juifs d'alors ne se servaient que de la tradition orale; car ce ne fut que sous Zorobabel, au retour d'Esdras de sa captivité de Babylone, que ce docteur de la loi consigna dans plusieurs livres les doctrines qui, précédemment, étaient transmises par les Lévites.

Les anciens peuples orientaux avaient une idée confuse et fugitive d'un continent atlantique, dont on croit que les Iles fortunées ou les Hespérides, qui sont les Canaries et les Açores, faisaient partie.

Si ce continent est abîmé sous les eaux, le volcan que présente le pic de Ténériffe devait leur être connu, car sa situation et son élévation annoncent une haute antiquité; cependant on n'a fait mention que du mont Etna (*monte Gibello*), et non d'aucune autre montagne ignivome; et les îles de l'Archipel grec, les Cyclades et toutes celles qui sont comprises depuis Crète (Candie) jusqu'au bosphore de Thrace, portent l'empreinte d'anciens volcans.

Il paraît que les législateurs, les philosophes

et les naturalistes du premier âge n'avaient considéré les volcans que sous le sens mystique;
car, avant Pline l'ancien, aucun sage ni aucun
sophiste n'avaient connu, ni leur nature, ni les
causes qui les produisaient. Les deux Plines
commencèrent à fixer les regards des savans sur
leurs éruptions, et Pline l'oncle paya chèrement
sa curiosité, puisqu'il y perdit la vie (1).

Narbonne fut pendant long-temps la métropole d'une grande partie des Gaules, puisqu'elle
lui avait donné son nom; qu'est - elle donc
devenue? Elle est bien déchue de son antique
splendeur. Il en est de même d'Orange; et si
le cirque, l'arc de triomphe dit de *Marius*, quelques aqueducs, des pavés à la mosaïque, le
nom qu'elle a donné à la maison de Nassau, et
la résistance opiniâtre qu'elle opposa pendant
nos guerres intestines et nos guerres de religion
n'eussent rendu cette ville célèbre, il n'en serait
pas plus fait mention que d'un petit bourg isolé;
car à peine est-elle la 12.ᵉ partie de ce qu'elle
était sous les Romains.

Ne pourrait-on pas en dire autant d'Arles, de
Vienne, d'Autun, de Sens, de Soissons, de
Dreux, de Bourges, d'Alby et d'une infinité
d'autres grandes cités des Gaules, qui ont servi

_____

(1) En 79 de l'ère chrétienne, et lors de la première éruption
du Vésuve (*Monte summa*), par laquelle Pompéïa et Herculanum
furent abîmées sous un monceau de cendres mastiquées vomies par
le volcan qui, de nos jours, est encore en action, Pline l'oncle
voulant observer le phénomène de trop près, le vent poussa sur
lui une vague sulfureuse qui l'étouffa; il fut asphyxié.

de siége ou de métropole aux Vergobrets, aux Proconsuls, aux Préfets et aux Rois des deux premières races?

La tradition nous dit que le bourg de Polignac existait du temps des Romains ; qu'il y avait, sur la plate-forme du rocher qui lui sert de cimier, un temple dédié à Apollon, et que la pierre creuse qu'on y a trouvée, surmontée d'un masque hideux, était l'effigie de ce Dieu rendant ses oracles.

Si le précipice ou le puits peut faire présumer un ouvrage des Romains, tout ce qui constitue l'ancien château, sa tour carrée, celles qui l'environnent, les murailles qui le cernent ne désignent pas une époque aussi reculée; pas même les prétendus restes d'un temple de Diane, qu'on dit être la rotonde ou l'octogone qui est à l'entrée sud du village d'Aiguilhe; car si les Romains avaient dû renverser les autels des Druides, dressés aux dieux Theutat, Esus ou Taranis et Belenus, ou enter leur polythéisme sur celui des Gaulois (1), les Chrétiens,

____

(1) Les Druides ou Bardes, les Gaulois ou Celtes n'avaient point érigé de temples à leurs Dieux ; ils ne croyaient pas que la dignité de leur essence pût être circonscrite et révérée dans des lieux étroits et fermés. L'Univers entier leur était dédié ; et c'était dans des forêts, au pied d'un chêne antique, qu'on élevait un autel de gazon. « Là, au milieu de l'assemblée du peuple, un » Druide vêtu d'une tunique blanche de lin, ainsi que le dit » Sainte-Foix, montait sur un chêne, et, avec une serpette d'or, » il coupait le Guy, pour célébrer l'an neuf ou le nouvel an. »

Les forêts étaient tellement en vénération, qu'on n'entrait qu'à reculons dans celles qui étaient consacrées par la fête du Guy, et les profanes, c'est-à-dire tout ce qui n'était pas attaché au sacer-

à leur tour, n'avaient pas dû souffrir de culte rival et diamétralement opposé à l'unité de Dieu. Donc, tous les temples, tous les monumens de la théogonie des anciens dûrent être renversés et détruits de fond-en-comble lors de l'établissement du christianisme, de l'enthousiasme des néophytes ; et s'ils ne le furent pas spontanément, ils l'ont été dans des temps postérieurs, ou pendant les premiers schismes, lorsque les Ariens et les Eutichéens infestaient

---

doce, ne pouvaient y entrer que les bras et les jambes liés. Si quelqu'un tombait, il ne lui était pas permis de se relever ; il se trainait sur les genoux, sur les coudes ou sur le ventre jusqu'à ce qu'il était dehors.

Nemo nisi vinculo ligatus ingreditur.

L'année commençait au Solstice d'hiver, la sixième nuit de la lune ; cette nuit s'appelait la Nuit mère. (*V.* Strabo, *lib.* 4.)

On a compté par nuit jusqu'au 12.ᵉ siècle, d'où dérive encore aujourd'hui *oneuith*, dans le Velay ; *onieuth*, dans le Vivarais ; *onieucht*, *onioth*, *oniocht*, dans la Provence et le Languedoc.

Theut, *Esus*, *Taranis*, *Belenus*, *Theutat*. — *Theutat* ou *Theutatès* sont des noms celtiques composés, qui signifient encore, en bas-breton : *Theut*, peuple ; *tat*, père.

Les Gaulois, dit César, se prétendaient issus de Pluton ; alors Pluton devait être le *Theutat* des Celtes. (César, *de Bello gallico*.)

Esus ou *Eus*, le Dieu du carnage, de la guerre et des destinées. *Eus*, en Breton, signifie terreur, horreur sacrée. *Enez*, île ; dans l'île d'Ouessant, il y avait un trophée consacré à *Esus* ou *Eus*. (*Voyez* Sainte-Foix.)

Taranis, le Dieu du tonnerre. *Taran* signifiait, en celtique, et signifie encore en Bretagne, tonnerre.

Belenus, le soleil chez les Gaulois, et le Dieu de la médecine. *Melen*, en breton, signifie blond.

L'eau où était trempé le Guy était lustrale ; elle guérissait de plusieurs maladies, écartait les maléfices, etc. Les Grecs et les Romains faisaient aussi de l'eau lustrale.

D'après César, *lib.* 6, *num.* 13, le principal collége des Druides était *in finibus Carnutum*, dans le pays Chartrain. *Druide*, du mot *Drus* ou *Deru*, en celtique et en breton, Chêne ; *Druyer*, conservateur des forêts. On appelait aussi les Druides *Senans* ou Prophêtes ; *Caner* ou *Kener* en gallois ; et, en breton, prophétiser, prédire. (Pomponius-Mela.)

l'Europe, ou lors des invasions des Saxons, des Visigots, des Sarrasins, des Bourguignons et des Normands, ou au moment de la ferveur des croisades. Ce qui corrobore cette assertion, ce sont quelques débris d'anciens monumens qui ont été employés à la construction de l'église Notre-Dame du Puy (d'un style gothique dans son ensemble).

En politique et en administration civile, les pleuples vainqueurs peuvent bien faire quelques concessions aux vaincus, modifier ou adoucir la rigueur de leurs lois, de leurs ordonnances; mais, en système religieux, le culte nouveau n'admet jamais rien du régime qu'il supplante, et la persécution suit de près l'admission ou la reconnaissance des Dieux ou des prophètes triomphateurs.

En jetant un coup d'œil sur l'histoire des peuples, on sera aussitôt convaincu de cette vérité; car, en Palestine, en Égypte, dans l'Asie mineure, sur les côtes d'Afrique, dans la ville même de Constantin, le Croissant profane et pollue les églises édifiées par les saints Pères, par les premiers martyrs, par les empereurs, par les rois. Une mosquée occupe Sainte-Sophie, à Byzance; et, si jamais l'islamisme s'établissait en Italie, le Vatican risquerait de devenir la demeure d'un mufti; et Saint-Pierre et Saint-Jean-de-Latran pourraient être desservis par des imans.

Tous les vieux châteaux, dont on trouve encore beaucoup de ruines dans le Velay, s'ils font présumer, par leurs formes et leur architecture, les époques du régime féodal, ils ne présentent pas celles d'aucun monument romain, ni même antérieures à l'invasion des Sarrasins.

Je ne révoquerai pas en doute qu'avant l'établissement du christianisme dans ces contrées, il n'y ait eu des temples dédiés aux Dieux du paganisme, à ceux des Romains surtout ; qu'avant eux, lors du relâchement de la religion des Druides, on n'eût érigé des autels à des divinités étrangères, à Isis, à Cybèle, à Mithras, dont le culte eût été apporté ou introduit par les Phéniciens ou par des Égyptiens qui auraient abordé nos côtes ; même à Odin, par le retour des Gaulois qui avaient fait des excursions dans les pays lointains ; mais aucun fait positif, aucun monument apparent et certain ne m'attestent rien du culte de ces divinités. En effet, puis-je reconnaître la figure symbolique du Dieu de la lumière, de celui de la poésie, de l'éloquence, du chef des Muses, du vainqueur du serpent Python ; de ce Dieu jeune, robuste, qui réunissait à l'élégance des formes celles de son essence, que tous les statuaires ont pris pour modèle, dans celle d'un monstre à gueule béante, à longue barbe, dont la difformité et les proportions annoncent plutôt le réceptacle des égouts que l'effigie d'une divinité ? Ce serait insulter

à la mémoire des Romains, que de leur attribuer une divinité semblable.

Si on eût voulu me persuader que ce pouvait
être le masque de quelque divinité infernale, à
qui les Druides sacrifiaient des victimes humaines, pour satisfaire leur cruauté (1), comme à
Moloch (2) ou à Arimane, j'aurais pu le croire ;
car les Druides, comme les premiers prêtres
égyptiens, ne connaissaient pas mieux la sculpture et l'art du statuaire que les Otaïtiens, lors
du passage de Bougainville dans leurs îles. Mais
donner aux Romains, dans le temps de Marius,
de Jules César, ou postérieurement, une pierre
hideuse pour le symbole du Dieu des oracles,
c'est le comble du ridicule.

Sans doute, je ne peux refuser ma croyance
aux monumens érigés par les Romains à Nîmes,

---

(1) J'ai dit que les Druides n'avaient point élevé de temples à
leurs dieux, Theutat, Esus, Taranis et Belenus ; que ceux érigés,
pendant les derniers temps, dans Issi à Isis, à Cybèle et à Mithras
dans Lutèce, étaient pour des Dieux étrangers introduits, ou par
le retour des Gaulois lors de leurs excursions, ou par l'admission
des Phéniciens, des Égyptiens, ou des Grecs et des Carthaginois
sur leurs côtes ; mais ils ne l'ont été qu'à la décadence des Druides
ou à celle de leur culte, comme il arrive à tout ce qui existe. Y a-
t-il eu, à cet égard, un seul culte sur la terre qui ait conservé
ses rites ou ses usages primitifs ? Les Omar, les Ali, les Luther,
les Calvin, etc., etc, ne sont-ils pas venus les changer ou les
modifier ?... (Voyez le Dictionnaire des hérésies et le Recueil des
conciles.)

(2) Moloch, Dieu des Ammonites : Cette idole colossale de
métal était creuse, divisée intérieurement en plusieurs cellules,
dans lesquelles on pénétrait par la base. On faisait entrer, par
sa bouche, de jeunes enfans avec des présens, que les prêtres
savaient soustraire ; lorsqu'ils étaient ressortis, on la chauffait
par le centre, et les flammes, jaillissant par la bouche, persua-
daient aux fidèles que l'idole avait tout dévoré. On croit même
que quelques enfans y étaient rôtis réellement.

dans ses arènes, sa maison carrée (ancien temple), ses débris du temple de Diane, son phare (dit Tour-Magne), ainsi qu'à ceux du Pont du Gard, de l'arc de triomphe de Saint-Remi, du cirque d'Arles, et de tous les autres qui sont répandus dans le Languedoc, la Provence, le Lyonnais, etc., parce qu'ils portent la coupe de la grandeur des Romains, de la beauté de leur architecture; que, d'ailleurs, l'histoire nous transmet les époques de leur édification. Mais nos pays de montagnes ne me présentent rien, dans leurs ruines, de cette haute antiquité. On ne connaît pas même l'époque précise, ni sous quel règne l'église de Notre-Dame du Puy fut bâtie.

Tout ce qui nous reste du passage des Romains dans ces contrées, ce sont quelques débris épars et informes qu'on ne saurait rapporter ou adapter à tels ou tels édifices. Il n'y a de remarquable que la *Via bolena*, *Via romana*, qu'ils avaient tracée pour parvenir dans l'Auvergne; encore est-ce à la tradition à qui nous devons nous en tenir; car, sans les mots latins qui la désignent, on pourrait aussi bien la donner aux Sarrasins, à qui les arts étaient connus.

Thot, s'il est le même que *Theutat*, était un Dieu égyptien, introduit par des étrangers, ou apporté par des Gaulois, lors de leurs excursions dans les derniers temps, et lors du relâchement du culte professé par les Druides; car, aux époques de leur domination théocratique, aucun étranger n'était admis dans les Gaules; puisque ceux que les tempêtes ou les naufrages jetaient sur leurs côtes étaient impitoyablement sacrifiés aux Dieux du pays.

On croit qu'Ésus et Taranis étaient les mêmes que Mars ou Odin, Dieux de la mort et de la destruction, génies du mal : ce serait l'Arimane des Chaldéens. Les Celtes auraient alors adoré le mauvais génie, car Ésus et Belenus n'étaient pas les mêmes ; ils reconnaissaient donc deux principes : l'un, créateur et conservateur ; l'autre, destructeur et sans cesse en opposition avec le premier ; ce qui constituait le manichéisme. Cette opinion paraît avoir dominé chez les peuples les plus anciens, surtout chez les Orientaux.

Cependant les Druides admettaient l'immortalité de l'âme et la métempsycose, dogme qui a fait le tour du Monde.

Les Druides enseignaient la circulation continuelle et éternelle des âmes; qu'on expiait ses fautes ou ses crimes en combattant courageusement pour la patrie. C'est dans cette doctrine que les Gaulois puisaient cette intrépidité et cet abandon de la vie qui leur faisaient braver tous les dangers (DIODORE DE SICILE; LUCAIN, *l.* 1.er, *vers.* 464.).

« *Non interire animas, sed ab aliis ad alios transire, atque hoc maxima ad virtutem excitari putant, metu mortis neglecto* (1). » (CÉSAR, De bello gallico, l. 6, n.º 13.)

Les Scandinaves et tous les peuples du nord de l'Europe croyaient que les héros et les hommes morts les armes à la main s'en allaient dans le palais d'Odin, pour y jouir de toutes les voluptés, s'y battre sans souffrir, posséder des femmes toujours jeunes, comme les houris de Mahomet, etc.

Dans toute la Chaldée, quoique le feu élémentaire ait fait la base du système religieux des Mages, établi par Zoroastre, dans le *Zend-Avesta*, ils ne le considéraient symboliquement que comme agent immédiat d'un principe créateur et conservateur; mais ils n'en admettaient pas moins Arimane, principe destructeur et continuellement opposé à Oromaze.

Brama, Dieu indien, dans ses diverses incarnations, avait toujours à redouter Visthnou ou Vistchenou, son antagoniste, le Dieu du mal.

Nous ne savons que par les Romains, ou par les Grecs, que les prêtres de Theutatès, d'Ésus et de Belenus étaient les Druides, divisés en

----

(1) Plusieurs philosophes, et particulièrement les Gymnosophistes pensaient que les âmes, en quittant les corps, allaient se réunir à l'âme du monde, à l'âme universelle, qui n'était autre chose que Dieu ; que cette âme, toujours indivisible, se réintroduisait, chez les hommes et chez les animaux, par l'acte de la copulation, et dans les plantes, par celui de la fécondation des germes ; qu'alors la mort n'était que l'entrée dans l'autre monde, et la vie en était la sortie ; que cette circulation, ou plutôt cette action de l'âme universelle était éternelle. Les Druides le pensaient aussi ; mais les Pythagoriciens et les partisans de la métempsycose variaient dans la manière de punir et de récompenser les âmes qui avaient habité des corps vertueux ou méchans.

plusieurs colléges; que, pendant leur domination absolue, ou l'ignorance et la superstition des peuples qu'ils fanatisaient, on sacrifiait des victimes humaines pour appaiser le courroux de leurs Dieux irrités (1); que les holocaustes étaient égorgées dans des cavernes profondes, ou dans des forêts obscures et épaisses; qu'ils avaient de grands couvents d'Eubages, augures ou prêtres des auspices, destinés à la divination. Mais dans toutes les cavernes où j'ai pu pénétrer, soit à Coucouron, soit à Chacornac, à Montbonnet, à Concis, à La Roche, à Bête ou ailleurs, car il y en a des milliers dans les parties volcanisées du Velay, rien n'a pu m'indiquer le moindre vestige de grottes druidiques, quoique je sois persuadé que beaucoup ont été creusées avant les incursions des Romains; mais je ne peux hasarder une opinion précise sur cela.

Les législateurs théocrates de l'antiquité n'a-

---

(1) Les Druides avaient été, pendant plusieurs siècles, les défenseurs des lois, du culte et des libertés publiques des Gaulois; alors ils jouissaient de toute la vénération et de la reconnaissance que cette conduite méritait. Mais ensuite, relâchés dans leurs mœurs, subjugués par l'ambition, ils s'emparèrent de l'autorité civile, dont ils abusèrent, et devinrent oppresseurs. Les peuples, ne pouvant supporter leur double joug, admirent dans le pays le culte de nouveaux Dieux, parce qu'ils crurent en être protégés contre leurs tyrans sacrés. L'admission de nouveaux cultes fut suivie de celle des mœurs et des coutumes étrangères, et bientôt arriva l'invasion de leur pays, qu'ils facilitèrent pour se dégager de l'oppression sacerdotale. C'est depuis cette époque que les Gaulois se virent tour-à-tour la proie des Romains, des Francs, des Visigoths, des Saxons, des Sarrasins, des Normands, des Bourguignons, du régime féodal, des guerres de religion, de l'anarchie, de l'occupation des étrangers : Sarmates, Scythes, Pictes, Ibères, Germains, etc., etc.

vaient point conçu l'idée de l'unité de Dieu ;
Zoroastre paraît être le seul qui ait attribué
l'existence de l'Univers à un principe unique.

Soit que ce dogme parût trop abstrait, ou
qu'il ne pût frapper l'imagination de la multitude, soit enfin que ses attributs dogmatiques
ne prêtassent pas assez à l'intention qu'on avait
de subjuguer les peuples, il leur fallait des Dieux
à qui ils pussent donner toutes leurs passions,
toutes leurs faiblesses, et surtout faire spectacle.
Aux Dieux mâles on adjoignit des Dieux
femelles ; de là cette infinité de cultes les plus
bizarres et les plus opposés.

Dans cette désignation générale, je me garderai bien de confondre Moïse et le peuple
d'Israël qui, depuis Abraham, reconnaissaient
Jéhovah ; je n'entends parler que des législateurs
du paganisme (1).

Le puits qui est sur la plate-forme du château
de Polignac, qu'on appelle vulgairement Précipice, n'a jamais été qu'un puits, et n'a pu servir
à d'autre destination. S'il avait été creusé pour
se rendre, par des cavités souterraines, dans le
bourg ou ailleurs, on y aurait pratiqué un
escalier en spirale, ce qui devenait aussi facile

---

(1) Abraham renouvela avec Dieu l'alliance qui déjà avait été
faite avec Noë, en sortant de l'arche ; car Tharé étant idolâtre,
il fut ramené au culte de l'unité par son fils.

Laban, fils de Bathuel, petit-fils de Nachor, était aussi idolâtre, puisque Rachel, sa fille, seconde femme de Jacob, qui déjà
avait épousé Lia, sa sœur, lui enleva ses idoles, qu'elle garda.

que d'enlever à la pointe du marteau toute sa partie intérieure; et la sinuosité ou fissure qui sert d'escalier pour gravir sur le haut du cône de Saint-Michel, me paraît avoir éprouvé autant de difficultés dans sa taille que le rocher de Polignac, quoique l'un et l'autre soient des brèches volcaniques.

Sa profondeur présumée peut avoir été d'environ deux cents pieds, c'est-à-dire, de quelques toises au-dessous du niveau de la vallée.

Tout le merveilleux que le peuple y attache (et combien d'hommes d'une grande considération sont peuple à cet égard!) est d'autant plus absurde, que lorsqu'on l'a creusé il n'y avait dans les environs aucune place assez remarquable pour y correspondre.

Il a pu être taillé pendant le gouvernement des Celtes, pendant tout l'espace de temps que les Romains ont habité ces contrées, ou pendant le régime féodal.

Ce travail n'ayant pu occuper un grand nombre d'ouvriers, par le peu d'espace qu'il embrasse, a dû être long et pénible; mais il serait absurde de penser qu'il eût servi ni aux oracles, ni pour un autre usage que celui de fournir de l'eau.

Comme le bourg, qui est immédiatement à la base apparente du rocher à pic dans tout son pourtour, occupait jadis une grande surface circulaire, couverte de bonnes fortifications, auxquelles la situation des lieux donnait un grand avantage dans ses moyens de défense, surtout avant la découverte de la poudre à canon, il était impossible de prendre l'un et l'autre autrement que par un blocus. La résistance pouvait être longue, puisque aucune machine de guerre des anciens ne les aurait attaquées avec succès; il n'y avait donc que le manque de vivres qui aurait pu les soumettre; et, sans doute, on avait la précaution de s'en fournir abondamment.

La communication du château avec le bourg était facile, puisque les voitures peuvent y monter, mais par un seul défilé assez fortifié; le tout devait donc être imprenable autrement que par famine.

Quoique ce rocher volcanique surgisse du milieu d'une grande vallée, quelques moyens de défense qu'on employât de nos jours, on ne pourrait tout au plus le soustraire qu'à un coup de main, parce qu'il est dominé par des positions voisines, d'où on le battrait en brèche de presque tous les côtés; d'ailleurs il serait bientôt démantelé par les bombes.

L'excavation qui est à l'angle gauche du premier bâtiment du milieu de la plate-forme, qu'on présume avoir servi aux oracles, n'a pu être faite pour cet objet :

1.° Parce que les oracles ne se sont jamais rendus en plein air;

2.° Parce que la cavité est trop petite; qu'elle

ne pouvait former aucun écho, et qu'on n'aurait pu s'y introduire qu'en découvrant l'orifice ou ce qui la cachait aux profanes; qu'alors on aurait pratiqué une galerie intérieure pour y parvenir, ce dont elle ne présente pas la moindre apparence;

3.º Enfin, parce que lorsque les peuples et les grands consultaient les oracles, on avait soin de s'envelopper d'autant de merveilleux que possible; surtout de transmettre les réponses et les arrêts des Dieux avec toute la solennité qui convenait à l'objet.

On sait que tous ceux qui pénétraient dans l'antre de Trophonius n'étaient pas tentés d'y retourner, quelle que fût l'importance et l'autorité des consultans.

Si donc le bloc creux qui, dit-on, a servi de bouche aux oracles d'une idole quelconque, n'a point été le réceptacle de plusieurs égouts, il n'a pu être employé que par les prêtres de Vulcain, de Pluton ou de toute autre divinité infernale, et pour en imposer à des peuples ignorans et barbares, mais non par les Eubages ou par les prêtres d'Apollon, trop rusés pour employer une pareille effigie.

Les augures et les aruspices, chez les Gaulois, étaient expliqués par les Senans ou prophêtes, ou bien par les prêtresses druidesses; mais ils ne l'étaient que dans les grandes cérémonies, lorsqu'il s'agissait de déclarer la guerre

(38)

ou de faire quelque excursion , ou enfin pendant quelque calamité publique; et les oracles de *Theutat* ne pouvaient être rendus par des statues monstrueuses , puisqu'il n'existait pas de temples , mais bien dans le fond des cavernes , dont l'accès était interdit aux profanes , ou dans les lieux les plus reculés de leurs colléges , où n'étaient admis que les principaux chefs de la nation. (POMPONIUS-MELA.)

Les prêtres romains de cette époque, c'est-à-dire, lors de l'invasion des Gaules par Jules César , étaient trop éclairés , et les Gaulois d'alors n'étaient pas assez ignorans et tellement superstitieux pour prendre une pareille effigie pour celle du Dieu de la lumière (1).

Tous les châteaux forts qui sont répandus dans le Velay, ne présentant de nos jours que des ruines, avaient été construits pour la plupart sur des sommités ou sur des brèches volcaniques, là où cette substance offrait des moyens naturels de défense, par les motifs bien puissans qu'étant formée ou par des scories de laves agglomérées à des cendres volcaniques mastiquées, ou par des laves terreuses, il était facile d'y pratiquer des excavations à peu de

---

(1) Je sais qu'Apollon a été représenté , chez les anciens, sous deux formes : en jeune homme et en vieillard à barbe épaisse et hérissée, mais non pas d'une manière aussi monstrueuse que celle qu'on voit à Polignac. On n'a pu établir cette conjecture que sur quelques rayons qu'on a cru être dorés ; mais Pluton et Vulcain aussi avaient une espèce d'auréole dorée.

frais, car la pioche suffit pour rompre cette matière peu compacte.

Je ne croirai donc à aucune des extravagances qu'on a débitées, ou par la tradition orale ou dans des écrits faits par quelques enthousiastes ou par quelques hommes à cerveau creux, tels qu'*Odo de Gissey*, *Théodore* et autres personnages antérieurs, à moins qu'on ne me montre des titres certains ou tout au moins plausibles, ce qui me paraît impossible; car les Romains n'ont rien laissé sur le Velay.

Les Druides sont trop loin de nous; les Francs, les Sicambres, les Saxons, les Normands et tous les peuples qui, tour-à-tour, ont subjugué ces contrées, n'étaient que des conquérans barbares qui ne connaissaient que la guerre.

Les Visigoths, les Sarrasins et les Lombards, s'ils sont venus dans le Velay, ils n'y ont fait que des incursions; mais pendant plusieurs siècles, les grands feudataires, les seigneurs châtelains et les chevaliers ne sachant ni lire ni écrire, ils n'avaient pas dû permettre aux peuples conquis, réduits au servage, de s'instruire et de nous transmettre les faits historiques; il n'y avait donc que quelques moines qui pouvaient s'occuper à réunir certains documens; et ce ne fut que vers le 8.e siècle qu'il s'établit en France une quantité de monastères.

La noblesse française, toute occupée de l'état militaire, avait si peu d'instruction jusqu'à la fin du 14.e siècle, que Bertrand Duguesclin, connétable de France ; Jacques du Molai, grand-maître des Templiers, et le Dauphin d'Auvergne ne surent jamais lire ni écrire ; il ne faut donc pas s'étonner si on rencontre dans l'Histoire de France tant de faits louches, équivoques et invraisemblables.

Le département de la Haute-Loire, dans lequel est compris l'ancien Velay, présente aux naturalistes et aux hommes instruits, habitués à penser et à réfléchir, un tableau lithologique de la plus grande étendue, parfaitement colorié.

Au milieu des ruines de la nature, au milieu des débris épars du sol primitif, on rencontre encore des contrées vierges échappées à une terrible déflagration, et on est tout étonné de les voir surgir du centre de ces montagnes de laves qui portent leurs têtes jusqu'au-dessus des nues.

Comme on ne peut révoquer en doute l'existence d'anciens volcans qui, dans des temps reculés, ont bouleversé cette partie de l'intérieur de la France qui prend sa direction, de l'ouest à l'est, par l'Auvergne, le Velay et le Vivarais, jusqu'à Viviers ; puis, tournant au sud, par le Bas-Dauphiné, le comtat Venaissin, jusqu'en-delà du Mont-Ventoux ; et, de l'ouest au sud-est, par le Rouergue et le Languedoc, jusqu'à Agde, parce que toutes les matières qu'il ont mis en fusion sont de la même nature

et ont tous les caractères des produits des
autres volcans éteints et de ceux qui sont
encore ignivomes ; que, d'ailleurs, toutes les
traces d'un vaste incendie souterrain sont encore évidentes dans plusieurs de ces contrées;
je les désignerai à mesure que je parcourrai
leurs gissemens. Je conçois bien que les personnes peu exercées dans les études de la
nature et dans la théorie de la Géologie prendront mes assertions pour des hypothèses; mais
elles cesseront de l'être à leur entendement,
lorsque la vérité sera démontrée par les faits,
et lorsque ces faits seront d'une telle évidence
que tous les hommes qui raisonnent pourront
la concevoir. Je diviserai en trois époques distinctes l'état d'ignition des volcans du Velay :

La première, que j'appellerai *Anti-diluvienne*,
remontera aux premiers âges du Monde connu.

La deuxième, *Post-diluvienne*, se rapportera
à la rentrée immédiate des eaux des mers dans
leur lit actuel.

Et la troisième sera plus rapprochée, quoique
éloignée de nous par un espace de temps tel
qu'il ne puisse être déterminé avec précision,
parce qu'aucun monument ne peut l'assigner;
elle ne sera donc établie que sur des hypothèses. Les savans qui parcourront ces contrées
tâcheront, par des observations exactes et profondes, de pénétrer plus avant dans les secrets
de la nature et dans la nuit des siècles.

Puisque aucun indice ne peut faire préciser l'état de la population de cette vaste contrée montagneuse qui s'étend du Puy - de - Dôme jusques aux bords du Rhône; qui, de l'ouest à l'est, peut donner un diamètre de 40 à 45 lieues communes de France, il faudra interroger la nature dans tout ce qu'elle nous offrira d'apparent sur les diverses superficies, parce qu'il est impossible de connaître ce qu'elle renferme dans ses flancs.

Depuis environ trente ans, je fais des recherches infructueuses pour savoir si, parmi les nombreuses dénominations anciennes dans les langues mortes, comme dans les vivantes et les divers idiomes qu'on parle dans les pays compris dans cette surface, je pourrais apprendre quelque chose de sa situation géologique primitive et des êtres animés qui l'ont habitée; si, dans les grandes catastrophes qui ont bouleversé une si vaste étendue de terre, on pourrait trouver quelques vestiges des hommes antérieurs à ces événemens, par des pétrifications, par quelques emblêmes, par quelques restes d'habitations enfouies ou abîmées sous des cendres mastiquées, ou sous toute autre substance.

Pour rendre plus intelligible le classement que j'ai fait des volcans éteints sus-mentionnés, en trois époques distinctes, il faut nécessairement avoir recours à des faits positifs dont la démonstration soit facile.

On appelle , en Géologie, Rocs primitifs , croûte du Globe terrestre : les granits, qu'on croit avoir été les premiers cristallisés ; les argiles, les schistes , les talcs, les quartz, les jaspes, etc. Rocs secondaires : les sables adhérés ou rocalisés par un gluten minéral, qui forment les grès, les craies, les marbres de toutes les couleurs, provenus de l'amoncèlement ou de la réunion d'une infinité de coquillages marins (1). Et Rocs tertiaires ou accidentels : les coraux, les cristaux, les pierres précieuses, les schistes terreux ou bitumineux, les pétrifications, etc.

Quelques minéraux et les métaux font partie ou se trouvent combinés ou amalgamés, en plus ou moins grande quantité, dans presque tous les corps.

Je n'ai fait qu'indiquer les substances principales, pour donner une idée de l'état de notre planète, afin de mettre à même les personnes peu versées dans cette science , de concevoir mes applications.

---

(1) L'histoire lithologique de la France présente, à chaque page, la démonstration de cette assertion. On croirait difficilement que la mer puisse nourrir sous ses eaux une si grande quantité de coquillages qui ont constitué tous les marbres dont sont formées des chaînes de montagnes d'une grande étendue , si on n'apercevait, dans leur cassure et leur détritus , des fragmens certains de leur origine.

Les Falunnières de la Touraine , qui ont une grande épaisseur et qui remplissent une surface d'environ trente lieues , sont la preuve de ce que j'avance. Les coquillages qu'on en extrait sont encore dans leur état naturel , et on en trouve qui sont peu détériorés , parce que le laps de temps qui s'est écoulé depuis leur dépôt et la retraite de la mer, n'est pas assez considérable pour avoir pu opérer leur cristallisation.

Tout le canton du Puy, à partir de Marnhac-les-Vignes, traversant toute la vallée de Polignac ; de là, passant sous le rocher de Denise, le vallon de la Borne, par Chantchany, Ceyssac et La Roche ; puis, courant à l'est, jusqu'au-delà de la Loire, par Charantus, est assis sur un grand banc calcaire et argilo-calcaire.

Le granit commence à se découvrir au-dessus de Jandriac jusqu'au confluent de la Gagne, à Peyrard ; puis un banc argileux, passant sous Douhe, Brunelet et Le Monteil, où recommence le sol granitique, va se réunir à un autre banc argilo-calcaire au milieu du vignoble de Baubas.

Tout ce qui est compris dans ce vaste cercle, de plus de deux lieues de diamètre, est un dépôt marin de la plus haute antiquité, puisqu'on n'y rencontre aucune trace des testacées qui l'ont produit ; mais on ne peut douter de son existence.

Toutes les montagnes qui le dominent ou qui le couvrent étant des produits volcaniques, l'ignition de volcans postérieurs à leur gissement est certaine.

Pour étayer ces assertions d'un puissant corollaire, je vais entrer dans quelques développemens. Par exemple : si je parviens à démontrer qu'au-dessus du roc primitif on rencontre un grand banc ou une couche épaisse de substances volcaniques, c'est-à-dire, ayant été mises en fusion par l'action d'un feu violent qui les a vomies du sein de la terre ; si ces matières adhérées ou rocalisées forment une masse compacte et d'une nature à ne pas laisser le moindre doute sur la cause qui l'a produite, alors on doit être convaincu qu'il y a eu un volcan à proximité ; mais si, au-dessus de ce banc, j'en rencontre un autre d'une nature toute différente, calcaire ou argilo-calcaire ; que ce banc soit d'une telle épaisseur qu'il indique un grand amoncèlement d'anciens coquillages de diverses familles, les fleuves, les rivières et la terre n'en produisant pas une si grande quantité, on doit être persuadé que les mers ayant submergé ce terrain, les y ont déposés lors des tempêtes et par les courans.

Si, au-dessus de ce dernier banc, je trouve un lit de sables et de cailloux, de six à huit pieds d'épaisseur ; que ces cailloux m'offrent différentes espèces de pierres, des granits, des quartz, des feld-spaths, etc., au milieu desquels je distinguerai une grande quantité de basaltes ou de laves de formes sphériques ou sphéroïdes ; si ce banc de sables ou de cailloux se prolonge à une grande distance, il m'indique l'ancien lit d'un fleuve ou d'une rivière. Ceux de nature primitive me démontrent, par leurs formes, qu'ils ont été charriés de loin ; et leurs dimensions m'acquièrent la conviction que des montagnes supérieures les ont produits dans des époques éloignées ; surtout si, à la même élévation ou à une hauteur parallèle, on ne trouve plus de rochers granitiques. Les basaltes ou les laves qui y sont agglomérés me prouvent évidemment qu'un ancien volcan les a vomis.

Si, au-dessus de ce lit de cailloux et de sables, est encore assis un banc de basalte, couronné d'une lave compacte, alors il est démontré qu'un volcan secondaire a agi postérieurement à la retraite des eaux de la mer.

J'invite tous les Amateurs en histoire naturelle et tous ceux qui, étant versés dans les hautes sciences, voudront se convaincre de la réalité de mes assertions, de se transporter à l'embrasure du vallon de la Loire, vers l'extrémité du territoire de Charensac, à l'entrée du bassin de Jandriac, et sur l'angle aigu que forme un rocher appelé la Roche-Bertrand, vis-à-vis de Douhe.

On trouvera, dans le fond de la vallée, le granit servant de lit à la Loire; immédiatement, au-dessus du rivage, un banc ou rocher volcanique, en laves compactes et en laves boueuses, de 30 à 40 pieds d'épaisseur; au-dessus, un banc argilo-calcaire, de la même épaisseur que le précédent, auquel est superposé un lit de sables et de cailloux, qui s'étend depuis la moitié de la hauteur du vignoble jusqu'en-delà de la vigne de la veuve Dance, territoire de Jandriac. Cette étendue peut avoir 600 toises de longueur ; sa largeur, étant couverte par un grand plateau de laves, n'est pas connue. Les basaltes qui sont au-dessus, et immédiats aux sables et aux cailloux roulés, forment, à leur base, boursoufflure ou machefer ; ce qui est un indice certain que, dans leur état de fusion ou d'incadescence, ils ont coulé dans l'humide.

De là, ayant gravi sur la plaine de Mons, je les invite à examiner, à leur droite et au sud-ouest, cette masse énorme de basaltes et de laves qui domine le bassin de Jandriac et le haut piton de Mons, qui le flanque ; puis, plongeant leurs regards sur l'encaissement de la Loire, de parcourir le territoire d'Orzilhac, où ils apercevront des argiles et des calcaires. En face et sur la gauche de Douhe, est assise sur le granit la Roche-Rouge, formée en bloc de colonne tronquée.

Qu'on ne quitte pas cette position d'optique, sans jeter les yeux sur le pic ou le rocher isolé de Saint-Maurice, entre Orzilhac et Bouzols, qui porte sur sa croupe, tournée au sud, le vignoble de Magniore ; qu'on examine attentivement la profondeur de la vallée, la hauteur des montagnes volcaniques voisines, et la curieuse perspective des villages de Charensac, de Brive, de la Chartreuse et des deux ponts sur la Loire, jusqu'au haut du vignoble du Monteil, dominé par un vaste plateau de laves compactes.

Les maisons de campagne, répandues dans ce

bassin, et les *bastides* nombreuses qu'on aperçoit sur toute l'étendue des deux côteaux, que
coupe en deux parties égales le chemin du Puy
à Lyon, font le plus bel effet imaginable.

Longeant la lisière de la plaine de Mons, on
descendra sur le pavé des géans, qui sert de
fondement ou de base à la maison du domaine
de Guitard, des basaltes duquel on observera le
diamètre, l'homogénéité, les prismes, la cassure
franche et le tintement par le contact d'un corps
contondant. Puis, passant par le vallon de Farnier, on se dirigera sur l'ex-couvent des Chartreux, assis sur un rocher de grés, formant
pouding, où sont agglomérés des quartz, des
feld-spaths, des basaltes roulés, des schistes, et
où l'on rencontre de belles cristallisations.

En remontant par Montredon, on ne laissera
pas échapper l'occasion de visiter le lit de
cailloux roulés sur lequel repose, dans la moitié
de son disque, le banc de basaltes irréguliers
qui est parallèle au plateau de Chadrac, séparé
seulement par la vallée étroite de la Borne, que
les eaux de cette rivière ont divisé. On se convaincra, par sa nature et la diversité des cailloux
qui sont sous cette coulée, qu'une ancienne
rivière les y a déposés avant qu'une dernière
éruption les eût recouverts ; et un auteur moderne
saura dès-lors par lui-même, s'il les visite, d'où
proviennent les prétendus jaspes qu'il dit avoir
rencontré sous ses pas, en s'acheminant de la
Charteuse au Puy.

Je dis donc que la première époque, *anti-diluvienne*, ne laissant aucune trace de ses cra-tères, peut être appliquée à la grande chaîne de hautes montagnes qui court, sans interrup-tion, depuis en-delà de Clermont-Ferrand (Puy-de-Dôme), jusqu'au-dessus de Burzet (Ardèche). Les basaltes ou les laves qu'on voit interposés au rocher primitif et au banc calcaire, lui appartiennent, ainsi que tous les cailloux roulés, réduits par de grands frottemens à de petites dimensions, qu'on rencontre en masse au milieu de monceaux de sables, surtout si, parmi ces cailloux, on trouve des restes de produits volca-niques ; car si une grande quantité de pierres de formes sphériques ou sphéroïdes, de nature primitive, sont à une grande élévation des rocs qui leur sont homogènes, ou il faudrait sup-poser qu'on les y a transportées, ou bien qu'elles sont descendues des montagnes qui les dominaient avant leur dernier gissement et dont on ne voit plus de vestiges, puisqu'elles se sont ou fondues ou englouties par des tremble-mens de terre, et qu'elles ont été recouvertes par les volcans secondaires.

La deuxième époque, *post-diluvienne*, em-brasse toutes les montagnes volcaniques du second ordre ; les cratères d'Allègre, de Mont-bonnet, du Bouchet-Saint-Nicolas, d'Hurte, de Coucouron, du lac de l'OEuf, de celui de Saint-Front et de tous ceux qui leur sont parallèles

4

lui sont applicables. Je ne pense pas que, de la deuxième époque à la troisième, il y ait eu interruption; cette époque a duré jusqu'à la retraite entière des eaux des mers dans leurs bassins actuels, c'est-à-dire, avant que de grands atterrissemens les eussent reculées jusques aux lits où elles se trouvent aujourd'hui.

Les montagnes ignivomes qui constituent cette grande chaîne ont dû s'éteindre ou éloigner leurs éruptions aussitôt que les matières combustibles ont perdu leurs forces par la diminution de leur quantité, ou à mesure que la mer s'est retirée; car, si on les parcourt et qu'on les examine attentivement, on verra que leurs dernières déjections, comme leurs derniers cratères, se sont portées sur le Vivarais, par Montpezat, Thuey, Neyrat, Jaujat, jusqu'à Aubenas, du nord au sud; et du sud-ouest au sud-est, par Burzet et Entraigues, jusqu'au Rhône (1). Ces cratères paraissent d'une époque si récente, que la plupart d'entr'eux n'est pas encore en état de végétation; de là, en suivant la fissure du Rhône jusqu'au Ventoux, et du côté de l'Aveyron (Rouergue) jusqu'à Agde, sur les bords de la Méditerranée, dès-lors on pourra calculer approximativement le temps immense de leur durée en ignition.

Je n'ai fait qu'indiquer les cratères les plus

____

(1) Les cratères sont appelés, dans le Vivarais, *Gravènes*; et dans l'Auvergne, *Puy*, qui signifie aussi *Montagne*.

apparens, car j'en ai compté plus de quarante, de bien marqués, dans le département de la Haute-Loire seul. Ils sont faciles à reconnaître, et une personne tant soit peu versée dans l'histoire naturelle ne peut s'y tromper.

Des feux souterrains ayant donc consumé ou changé la nature première d'une grande partie de substances minérales et inflammables que contenait le sol originel, on ne doit pas être surpris si on ne rencontre, dans cette vaste étendue, ni métaux, ni houilles, ni bitumes, ni charbons de terre; et si les zircons, hyacinthes, grenats et autres pierres précieuses qu'on trouve dans le territoire d'Espaly (dit de *Pisse-Vieille* et *Riou-Pezouilloux*), n'avaient été détériorés par le bouleversement de leur gangue, il aurait été possible d'y voir des minéraux d'une grande valeur.

La surface extérieure des calcaires, là où elle s'est trouvée en contact avec des matières incandescentes ou celles déjetées par la bouche des volcans, mêlées aux cendres, aux laves boueuses et aux scories de laves, ayant produit une masse compacte par leurs amalgames, et leur détritus étant plus rapide, les localités où elles abondent deviennent plus fertiles, surtout si le sol est incliné et si les bancs calcaires qui sont en-dessous, encore intacts, suivent la même inclinaison, parce que les terres descendant toujours, la couche de celles qui sont au bas des

coteaux augmente graduellement. Voilà pourquoi dans les bassins du Puy, de Polignac, de
l'Emblavès, et dans tous ceux où cette substance
domine, les récoltes y sont abondantes ; non
pas dans le fond des vallées, ainsi que l'ont
établi les appréciateurs et taxateurs employés
au cadastre (qui n'avaient pas la moindre idée
de Géologie); dans lesquels bas-fonds on rencontre souvent une grande étendue de graviers,
de sables et de cailloux roulés, déposés par les
eaux pendant leurs débordemens, mais bien
dans les terres qui leur sont immédiates.

Les pays volcanisés que présente la chaîne
ci-devant indiquée, et ceux qui ont échappé à
la conflagration de ces vastes contrées ou qui
sont demeurés intacts, depuis le versant de Pradelles, en suivant la rive gauche de l'Allier,
jusqu'à Langeac; puis, tournant vers le Rouergue, contrée qui renferme presque tout le
Gévaudan, en-deçà et en-delà de la Margeride,
ainsi que la partie qui, commençant à Nonette;
court par Chavagnac, se détourne à gauche
par Monlet et Craponne, reprend à droite par
l'Emblavès et Vorey et embrasse presque tout
l'arrondissement d'Yssingeaux (1) jusques dans
la vallée de la Canse, en-delà de Saint-Bonnet-
le-Froid, étaient-ils habités par des hommes

____

(1) Sur le sol granitique de l'arrondissement du Puy on voit
quelques pics volcaniques isolés ; mais l'arrondissement d'Yssingeaux n'en présente aucun autre en-delà du chef-lieu que celui qui
domine Maubourg, à la droite du chemin du Puy à Lyon.

avant leurs dernières éruptions? C'est ce que je crois, parce que, dans plusieurs circonstances, on a trouvé des ossemens, tant humains que de diverses espèces animales, incrustés dans des masses de substances calcaires, rocalisées ou très-compactes (1), et au milieu de cendres volcaniques mastiquées, de laves boueuses, où j'ai vu moi-même des morceaux de bois de charpente et des tessons de vases d'argile ayant servi à l'usage des hommes; ce qui indique, d'une manière indubitable, l'existence d'une nation ou d'une peuplade antérieure au cataclysme qui les a amoncelés, et aux éruptions qui les ont recouverts.

Ces contrées étaient-elles isolées au milieu des eaux? Formaient-elles une seule île ou un archipel (2)? La réponse n'est pas facile; elle

-----

(1) M. *Brunel*, ancien architecte au Puy, amateur instruit, possède un morceau d'os bien caractérisé, adhérent à un fragment calcaire; les bancs de cette nature en contiennent un grand nombre, et on en trouve quelques-uns qui indiquent les espèces auxquelles ils ont appartenu; ce qui démontre qu'avant le cataclysme qui les a amoncelées, ces montagnes étaient habitées par des hommes. M. *Brunel* conserve aussi la dent d'un animal inconnu incrustée dans une pierre de chaux.

M. *César*, dentiste, de Clermont, m'a fait voir dernièrement une dent molaire de Mammouth en état de pétrification, mais parfaitement déterminée; elle avait environ 18 lignes de diamètre. On l'a trouvée, m'a-t-il affirmé, dans les environs d'Issoire, et M. *Giraud*, peintre au Puy, l'a dessinée.

(2) Les premiers endroits habités par les hommes, à la suite des grands cataclysmes qui ont, à différentes époques, submergé notre globe, ont dû être les hauteurs des climats chauds ou tempérés; cependant cela a dû dépendre des circonstances et de la population qui les a occupés; et il est à présumer qu'on n'a habité les bords de la mer ou les immenses plaines couvertes de forêts, que lorsque les habitans se sont multipliés, qu'ils n'ont pu vivre sur les montagnes, et lorsque la température, la facilité de la

peut être tout au plus conjecturale. Ce qu'on peut affirmer positivement, c'est que le rocher de Crussol, au-dessus de Saint-Peray, a été formé par un amas de coquillages marins, et se trouve de la nature des marbres ; alors, tout le bas du Dauphiné et du Vivarais était sous la mer ; et du côté de l'ouest, les marbres de Nonette, proche d'Issoire, ainsi que ce qui tourne à la droite de Clermont vers le Bourbonnais, annoncent que ces pays ont été long-temps occupés par les eaux.

Le déluge qui amoncela les matières carbonisées du département de la Loire, de Firminy à Rive-de-Gier ; celles de Fugères (Haute-Loire), et tous les amas calcaires qui sont aux environs du Puy, peut-il faire affirmer ou présumer que les volcans qui ont bouleversé une grande partie de ces montagnes étaient sous-marins ?

La brillante hypothèse des volcans sous-marins pourrait bien séduire ceux qui aiment le merveilleux, ou ceux qui n'examinent que superficiellement une proposition aussi paradoxale ; mais en réfléchissant sur la vaste étendue des surfaces qu'ils ont abîmées sous leurs laves, ou sous leurs cendres mastiquées ; en considérant l'immense quantité de rochers et de substances minérales dont ils ont changé la nature primitive ;

chasse, de la pêche et les productions naturelles ont attiré les hommes vers des régions plus douces ; mais ils n'y sont, sans doute, descendus qu'en tremblant, car la mémoire du déluge s'est perpétuée pendant bien des siècles, seulement par la tradition orale.

et en comparant l'état des contrées échappées à leur déflagration à celui des pays qu'ils ont agités, on est convaincu que si le sol granitique, qui est plus bas que le sol volcanique, eût été couvert par les eaux de la mer, les substances calcaires, au lieu de se trouver sous des montagnes de laves, se trouveraient, au contraire, reléguées sur le sol vierge, et encaissées au milieu d'une grande chaîne presque parallèle.

Si nous connaissions la langue celtique, la langue de nos aïeux, elle pourrait, sans doute, nous donner la clef de quelques étymologies que nous ignorons; et le nom de tel ou tel village, de tel rocher ou de telle vallée nous indiquerait les époques approximatives des dernières éruptions de nos volcans.

Tous les historiens de l'antiquité, et tous les publicistes ou philosophes d'une certaine importance attestent que la langue celtique était la langue mère de l'Occident; et, si on en juge par beaucoup d'expressions encore en usage chez les Gallois et les Bretons, qu'on dit en dériver, elle était la langue la plus sonore, la plus expressive et la plus laconique qu'on ait jamais parlé.

Comment se fait-il que le dialecte des anciens Brames, des Gymnosophistes se soit conservé, puisqu'il est encore en usage parmi les savans des Indes, qui l'appellent *Hanscret ?* que le syriaque se soit maintenu chez les Guèbres, successeurs des Mages, des Chaldéens, dans le *Zend - Avesta*, qu'on peut expliquer; que les Rabbins, ou même les Juifs qui ont reçu la moindre éducation parlent le langage des Sanhédrins (la langue hébraïque)? que l'arabe soit généralement répandu, ainsi que le grec et le latin, et que nous n'ayons aucun livre, ni grammaire, ni prosodie, ni syntaxe, ni dictionnaire, pas même un alphabet de la langue de ces illustres Gaulois qui, si souvent, avaient jeté la consternation dans Rome?

Les Druides, les Bardes, les ministres d'Odin, du loup Fenris et des Valkeries qui, comme les prêtres égyptiens, formaient un corps de nation distinct et séparé de la masse des peuples parmi lesquels ils habitaient, et humiliaient, quand ils le voulaient, la tête superbe des princes soumis à leurs jugemens par l'empire et la domination qu'ils exerçaient sur les âmes crédules et ignorantes; ces Druides, dis-je, ne se servaient donc entr'eux que de la tradition orale; leurs dogmes n'étaient pas écrits; quels pouvaient donc être leurs symboles? La cérémonie du Guy n'était pas la seule usitée chez eux, ils avaient des rites; et tout ce que nous en savons, ce sont les Grecs ou les Romains qui nous l'ont transmis.

Il paraît cependant que Pythagore, un des plus grands législateurs de l'antiquité, puisque sa doctrine et les dogmes qu'il établit s'étaient répandus dans tout l'Orient, et qu'ils sont encore professés chez les Banians, avait traversé les mers ou franchi les Alpes afin de se rendre auprès des Druides pour en étudier le culte; ce qui a fait dire à Alexandre Polyhistor : *Vult prœtereà Pythagorem Gallos audiisse, et Brachmanas.*

Les Druides jugeaient les délits et infligeaient des peines ; dans les grandes calamités, ils sacrifiaient des victimes humaines, et les Eubages ou Aruspices manifestaient les volontés atroces de leurs Dieux par les entrailles des holocaustes (1).

Il est certain qu'avant l'invasion des Romains, les Gaulois et les Druides eux-mêmes avaient admis les dogmes et surtout les mystères de Mithras, de Cybèle ou de la bonne déesse, et d'Isis, sans doute, parce que le culte de Theutat, d'Esus et Belenus s'était relâché par les diverses excursions que ces peuples belliqueux avaient faites chez les étrangers ; les prêtres crurent ramener la ferveur des âmes tièdes par ʼles

---

(1) Voyez CATON : 2.ᵉ livre de ses *Origines ;* STRABON; DIOGÈNE LAERCE : *De vitis clarorum philosophorum* ; TITE-LIVE ; DULAURE : *Des Cultes antérieurs à l'Idolâtrie ;* CAMBRI : *Monumens celtiques ;* Don MARTIN : *Religion des Gaulois ;* DUCANGE: *Glossarium ;* FREHER : *Corpus Franciæ historiæ veteris ;* SIDONII APOLLINARIS.

Les Romains, qui savaient apprécier la valeur, quoiqu'ils considérassent les Gaulois comme des barbares qui n'allaient faire des irruptions en Italie que pour la ravager, n'ignoraient pas que ces mêmes Gaulois réunissaient à l'art de la guerre celui de l'éloquence. Pour parler éloquemment, sans doute il faut que le dialecte dont on fait usage se prête aux talens de l'orateur. Voici le témoignage de Caton, qui n'est pas suspect d'adulation : *Pleraque Gallia duas res industriosè persequitur : rem militarem et argutè loqui.*

spectacles ou le merveilleux que les mystères de ces nouvelles divinités présentaient. Cela ne doit pas étonner, puisque les Juifs eux - mêmes apportèrent de la captivité de Babylone, dans la Palestine, diverses cérémonies du culte des Chaldéens, particulièrement la hiérarchie d'une infinité de génies admis chez les Assyriens.

Le peuple roi répandit la langue latine dans tous les pays où il établit des colonies; on l'a écrite en France, dans les actes publics, jusqu'à la fin du 15.ᵉ siècle, comme elle s'écrit encore dans les Universités; tandis que la langue celtique est entièrement ignorée.

Je suis surpris que, depuis la renaissance des lettres, les savans ne se soient pas occupés à chercher l'alphabet, la racine et tous les moyens de faire revivre la langue de nos aïeux, au lieu de disserter longuement pour savoir si les débris de l'arche de Noë sont encore sur la montagne d'Ararath, en Arménie, où personne ne peut gravir; si Babylone était au confluent du Tigre ou de l'Euphrate; et si Isis, Osiris et Horus étaient des divinités descendues de l'Éthiopie, ou bien si elles étaient indigènes de l'Egypte.

On ne peut révoquer en doute que ces trois divinités du paganisme, si elles sont représentées sous des formes humaines de couleur noire, ne soient Éthiopiennes ou Nubiennes, parce que les Égyptiens n'ont jamais été de couleur ; s'ils étaient basanés ou hâlés , ils n'avaient ni la peau, ni aucun des caractères des Nègres ; dès-lors les prêtres égyptiens avaient enté ces nouvelles divinités étrangères sur leurs Dieux absurdes, qui répugnaient à la croyance des raisonneurs , lorsque la nation fut plus éclairée et qu'elle put faire usage de la raison.

Mais telle fut la politique égyptienne , de se conformer au cours et à la tendance de l'esprit des peuples qu'ils voulaient toujours dominer , en élaguant du culte ancien tout ce qui pouvait révolter le raisonnement ; et au lieu de bœufs, de chiens, de chats, de crocodiles et de poireaux, tous les colléges de l'Égypte adoptèrent des divinités plus conformes aux idées nouvelles. Isis, Osiris et Horus furent donc adorés exclusivement comme Dieux et législateurs des Égyptiens.

Si donc ils ont été représentés de cette couleur, c'est parce que les Nubiens et les Éthiopiens, noirs de leur nature, les révéraient avec tous les attributs qui convenaient à leur essence, avant que les prêtres égyptiens eussent remonté le Nil pour aller reconnaître les pays et les peuples qui habitaient des régions plus élevées, nations qu'ils trouvèrent plus avancées qu'eux dans la civilisation et dans la connaissance des sciences

Les Égyptiens ayant adopté les Dieux noirs de l'Éthiopie, ils les répandirent, pendant leurs voyages, chez les peuples du Nord, avec leurs mystères. Voilà pourquoi à Issi comme à Lutèce, on révérait Isis, Osiris et Horus, sous la couleur des Éthiopiens.

Mais il est extrêmement difficile d'asseoir une opinion plausible sur l'histoire ancienne d'un pays, si la langue primitive est inconnue, et si des révolutions physiques, politiques ou religieuses en ont bouleversé les surfaces et tous les monumens qui auraient pu nous donner une idée de son état antérieur.

Par exemple : si quelqu'un me demandait d'où proviennent certaines colonnes qu'on aperçoit sur l'édifice de la Cathédrale du Puy et à l'avant-corps de l'ancien évêché ; quelques bustes et bas-reliefs incrustés isolément dans plusieurs autres bâtimens, objets grotesquement adaptés à des socles, à des chapiteaux gothiques ou arabesques , tandis qu'ils appartiennent eux-mêmes à la bonne architecture, au style des Romains ? Je répondrais que je n'en sais rien, parce qu'aucun écrit authentique ne m'assigne les édifices auxquels ils avaient pu appartenir.

Je ne partage pas pour cela l'opinion de quelques écrivains qui ont donné au bourg d'Anis (Le Puy) une date certaine, en rapportant à l'époque de la construction de l'église de la Vierge , celle de la cité ou du bourg.

La position du rocher de Corneille était trop avantageuse sous tous les rapports, pour qu'il n'y eût pas à sa base et dans toute l'étendue circulaire qu'il pouvait protéger, des habitations d'une certaine importance.

La proximité du lit de la Borne, celle du ruisseau de Dolezon, la facilité de se procurer des eaux de tous les environs étaient trop favorable à ce site, pour que les anciens, les Romains particulièrement, eussent négligé d'en faire une place forte. Je pense que, depuis l'invasion des Romains, peut-être même avant leur arrivée, Isis et Horus, divinités égyptiennes ou éthiopiennes, y avaient été admises, et que pendant long-temps elles y avaient été révérées.

Si le culte d'Isis et d'Horus avait été établi sur le mont Anis (1), il devait y avoir des prêtres attachés à leurs mystères ; et des hiéroglyphes qu'on y a vu, quelques ibis, des crocodiles, des ichneumons, des tables isiaques et des nilomètres (2) viendraient à l'appui de cette opinion.

On a pu même confondre quelquefois Isis avec Diane, cette déesse à triple figure et à triple dénomination; chez les anciens, elle n'avait de culte que dans les grandes cités, là où toute la théogonie des payens lui avait dressé des autels.

Le culte de Diane était simple, si on en excepte

---

(1) *An-Isium*, par corruption *Anicium*, lieu dédié à Isis, concurremment avec *Podium*, montagne : c'est la brèche volcanique qui domine le bourg d'Anis, à présent la ville du Puy, qui s'est étendue en amphitéâtre ou en manteau déployé jusqu'au milieu de la vallée, à l'est, au sud et au sud-est.

(2) Le nilomètre était un instrument égyptien qui servait à mesurer l'accroissement ou le décroît des eaux du Nil ; on en avait fait une croix de cardinal symbolique.

celui d'Ephèse ; tandis que celui d'Isis prêtait au merveilleux, à raison de ses mystères ou de l'initiation ; et les environs de Corneille, les excavations, les cavernes ou grottes taillées dans cette brèche ou pratiquées sous quelques édifices environnans sembleraient l'attester.

Quoique le bourg de Polignac ait pu être, dans le temps, une position avantageuse pour former une place forte, elle n'était pas comparable à celle du Puy, parce que les édifices immédiatement adossés au mont Anis pouvaient être défendus avec plus de facilité ; et la vigie ou le phare placé à son sommet était propre, non-seulement à reconnaître l'ennemi de très-loin, mais encore à avertir tous les habitans du voisinage. Aujourd'hui l'une et l'autre ne pourraient que se soustraire, tout au plus, à un coup de main, fussent-elles entourées de leurs murailles.

Ce n'est donc que depuis l'établissement du christianisme dans le Velay, que les Dieux du paganisme ont été renversés et leurs temples démolis ; mais aucun indice certain n'assigne leur ancienne place (1).

____

(1) Une tradition vulgaire, au Puy comme à Polignac, rapporte que les Dieux du paganisme ayant été chassés ou renversés par les premiers néophytes, les saints évêques ou confesseurs qui y apportèrent la foi ordonnèrent, au nom de la sainte Trinité, aux esprits infernaux de se retirer ; qu'alors, obéissant à la voix des saints personnages, leurs idoles se précipitèrent dans les enfers qui sont au centre de la terre, et que, pour y parvenir plus rapidement, ils passèrent par le puits, qu'on appela dès-lors Précipice. Ne pourrait-on pas croire qu'on les aida à faire la culbute dans cet abîme. Je suis persuadé que, si on le désencombrait, on trouverait dans le fond toutes ces impuissantes divinités, peut-être même quelque belle statue.

S'il y avait eu une langue de *Hac*, comme il
y avait la langue d'*Oil*, et celle de *Hoc*, les ter-
minaisons d'une infinité de noms propres de
bourgs ou villages pourraient faire présumer que
le pays des Velayens ou des Velauniens appartenait au corps de nation qui l'aurait parlée ;
mais cette dernière syllabe est aussi commune
à l'Auvergne, au Limousin, à la Gascogne et à
presque toute l'Aquitaine.

Les environs de St.-Paulien, particulièrement
la partie nord-ouest de la plaine de Blanzac,
étaient, avant et pendant la domination des Romains, des positions favorables à l'emplacement
d'une grande cité, à raison de la fertilité du sol
et de la facilité d'y aborder. Mais on ignore où
a été la place de Ruessium ; si cette ville a existé
à la frontière des Arvernes, *Arveni*, à celle des
Velauniens, *Velauni*, ou des Vellaviens, *Vellavi* (1).

Si St.-Paulien était l'ancienne Velaune, et si
celle-ci avait succédé, ou avait été bâtie sur les
ruines de Ruessium, on trouverait sur ce local
des monumens d'une telle structure, soit en
pavés à la Mosaïque, soit en statues, soit enfin
en médailles, qu'on ne pourrait s'y méprendre :
quelques matériaux isolés, des bornes milliaires
déplacées de leur ancien stationnement, quoique

___

(1) Au lieu de *Velauni*, Velauniens, on trouve, dans presque
tous les titres anciens, *Vellavi*, Velayens ; ceux-ci n'étaient donc
pas les mêmes que les habitans de Velaune, et la métropole des
Vellaviens ou Velayens pourrait bien avoir disparu, comme *Rues-*
sium et *Velaunium*, à moins que ce ne soit Yssingeaux.

signes probables pour préparer à des recherches, ne suffisent pas à l'historien ou à l'écrivain
exact, pour déterminer l'emplacement positif
d'une cité jadis florissante et populeuse.

Il serait à désirer qu'une société d'amateurs
riches et instruits pût former l'entreprise utile
de faire des fouilles ou des recherches pour connaître notre pays et les usages des Celtes ou
Gaulois, nos aïeux.

On voit, par tout ce que j'ai déjà dit, que les
époques de l'état d'ignition des volcans de l'Auvergne et du Velay se sont perdues dans le cahos
des siècles, puisqu'aucun auteur ancien n'en
fait mention.

Pythagore, qui visita les Druides pour connaître les dogmes de la métempsycose qu'ils
professaient, et qui vivait six siècles avant notre
ère, eût sans doute parcouru nos montagnes,
ou bien il se fût rapproché des premiers foyers
volcaniques, si, de son temps, ils eussent été en
action; mais il paraît qu'alors ils étaient éteints.

Pithéas, marseillais d'origine, un des plus
célèbres géographes de l'antiquité, n'a jamais parlé
d'aucune montagne ignivome de l'intérieur de la
France; et certes, si ce savant eût connu nos volcans, ou plutôt si leurs éruptions n'avaient point
cessé long-temps avant lui (il existait pourtant du
vivant de Philippe, père d'Alexandre), il serait
venu les observer, et Marseille est trop proche
de nous, pour qu'il n'eût pas connu leur état.

Si Strabon, Aristarque l'astronome, Archi-
mède, Pausanias l'historien, Diodore de Sicile,
Polybe, Tacite, Plutarque et Tite-Live, ni aucun
autre historien grec ou latin n'ont fait mention
dans leurs ouvrages, qu'au milieu des Gaules, il
avait existé des montagnes brûlantes, c'est parce
que, depuis long-temps, les matières combustibles
qui les alimentaient s'étaient consumées.

Mais si nous ne trouvons aucune trace historique, ni dans les écrits des anciens, ni dans
aucun monument élevé par la main des hommes,
qui puisse nous apprendre combien de siècles
la nature a employé pour opérer le bouleversement de l'état primitif de ces montagnes, leur
situation actuelle nous présente un tableau frappant et plein de vérités incontestables, démontrant
qu'elles ont éprouvé de funestes catastrophes.

Or, tout ce qu'elles nous offrent de bien apparent par la tradition écrite ne remontant pas
au-delà de onze à douze cents ans, il importe
d'être circonspect dans les assertions qu'on peut
avancer ; et les tombeaux ou les sarcophages
qu'on y trouve en grand nombre ne peuvent se
rapporter, tout au plus, qu'à l'établissement des
Francs ou à celui du christianisme, car les
Druides et les Gaulois, en général, soumettaient
les corps morts à la loi sanitaire et religieuse de
l'incinération : cela est démontré par le passage
suivant, tiré des commentaires de César.

« *Omnia quæ vivis cordi sui arbitrantur in ignem*

» *inferunt, etiam animalia, ac paulò suprà hanc*
» *memoriam, servi et clientes, quos ab iis dilectos*
« *esse constabat, unà cremabantur.* »

Et lorsque les Druides, qui étaient réputés
pour réunir les connaissances les plus étendues
à la sagesse la plus exemplaire, toléraient ou en-
tretenaient cette coutume pieuse et barbare, de
sacrifier des cliens, des serviteurs fidèles, des
esclaves et des animaux à la mémoire des grands,
je n'aperçois en eux que des hypocrites atroces,
abusant de la crédulité des peuples pour ci-
menter leur puissance et pour régner despotiquement sur les âmes abruties et timorées.

Il paraît donc évident qu'une grande partie
de ces contrées montagneuses, dévorées par les
feux des volcans, a dû écarter loin d'elle, pendant une longue suite de siècles, tous les êtres
vivans ; que la terreur qu'inspiraient leurs
éruptions aurait dû se perpétuer, en se trans-
mettant d'âge en âge ; et que, puisque aucun monument élevé par la main des hommes, aucun
écrit, même aucune tradition orale ne peuvent
indiquer une des époques funestes de ce vaste
embrasement, elles doivent se perdre dans la
nuit des siècles.

Ce devait être un bien terrible spectacle que
celui que présentait cette multitude immense de
bouches volcaniques s'étendant du Puy-de-Dôme
à Mésilhac (Ardèche), vomissant simultanément
ces grandes masses de laves et de basaltes qui

constituent plus de deux cents lieues quarrées
de surface; le globe entier devait en être ébranlé,
car il est difficile, s'il n'est pas impossible, de
rencontrer aucune autre partie de la terre qui
puisse offrir un ensemble plus continu et plus
vaste de hauts pics de cendres agglutinées, de
grands plateaux contigus de laves compactes,
boueuses ou cellulaires ne paraissant appartenir
qu'à une même éruption, à une même coulée,
et qui cependant donnent une étendue quarrée
de plus de douze lieues, telle que celles qu'on
voit depuis Vergezac jusqu'en-delà du Brignon,
sur les bords de la Loire; et depuis Thaulhac,
près le Puy, jusqu'en-delà de la Sauvetat.

Si les volcans qui ont formé cette chaîne eussent
agi successivement, un espace de vingt mille ans
n'eût pas suffi pour mettre en fusion tant de matières; et alors on tomberait dans l'hypothèse
du chanoine Recupero, qui croyait voir, dans la
succession des couches qui établissent le sol volcanisé du royaume de Naples, plus de seize
mille ans de date.

Ceux qui ne peuvent avoir sous les yeux la
comparaison des volcans en action, avec ceux
qui sont éteints depuis une infinité de siècles, et
qui, conséquemment, ne sauraient se faire une idée
de leurs éruptions, auront sans doute de la peine
à croire ou à concevoir la possibilité que des
feux aussi intenses qu'ils puissent être aient
jamais mis en fusion toutes les matières volca-

niques que présente un espace d'environ quarante lieues, de l'ouest à l'est, et de sept à huit lieues, tantôt plus, tantôt moins, du nord au sud; que ces masses, dont quelques pics les dominant, aient une épaisseur telle, qu'il paraît impossible de la déterminer : cependant, si on prend pour base, ou le sol primitif (le granit), ou le sol secondaire (l'argile et le calcaire), du vallon du Puy au pic de Rossignol, commune de St.-Jean-Lachalm, on n'aura pas moins de quatre cent cinquante toises d'élévation; et de la place du Breuil à la sommité du Mezin, au moins cinq cents toises, et trois lieues d'étendue depuis le même point de départ (le Puy) jusqu'à Séjalières, en ligne droite, où paraît le sol granitique; et depuis Borée (Ardèche) jusqu'au Breuil, cinq lieues, en ligne toujours directe. Si on ne peut pas déterminer les effets de leurs éruptions, parce qu'ils sont trop éloignés de nous, on peut les concevoir ou les présenter par analogie; car dans toutes les localités où les volcans sont encore en action : à Naples, par le Vésuve; en Sicile, par l'Etna; dans l'île de Ténériffe, par le pic de ce nom; en Islande, par le mont Écla, etc., on voit partout la matière homogène des basaltes, lorsqu'elle est refroidie, être la même et articuler les mêmes formes, les mêmes prismes que ceux qu'on rencontre dans toute la chaîne de l'Auvergne, du Cantal et du Velay. Les laves boueuses, terreuses, cellulaires ou scories de laves, les pozzolanes, etc., sont partout identiques ; et les cratères, qui sont les bouches de leurs creusets ou les bassins d'où les matières en fusion s'échappent ou se sont échappées par la force des feux souterrains concentrés, sont les indicateurs certains et irréfragables de leur action.

J'emploierai souvent, dans cet ouvrage, le mot *nature*, pour ne pas prostituer celui de Dieu, de l'essence unique, infinie et immuable dans ses décrets ; mais les lecteurs indulgens voudront bien donner à ma pensée l'application qui lui convient.

Ecrivant pour la multitude, j'ai été obligé d'exprimer mes idées avec le plus de simplicité qu'il m'a été possible, afin d'être intelligible ou lucide.

Les personnes éclairées concevront facilement que cet Aperçu historique et géologique n'est qu'un fragment séparé d'un tableau qui embrasse une grande surface, et que son ensemble exige des formes et un enchaînement de raisonnemens et de conséquences d'un haut intérêt.

Je regrette, pour la gloire de mes compatriotes, que Bertrand-Morel n'ait pas complété sa Notice sur l'arrondissement du Puy. Cet habile observateur, aussi bon penseur qu'érudit profond, aurait été d'un grand secours pour ceux qui s'occupent des études de la nature. Puisse quelqu'un de sa famille, en jetant des fleurs sur sa tombe, donner au public les *adenda* qu'il peut avoir laissés !

J'aurai fait, sans doute, beaucoup d'anachronismes, parce que n'ayant pas de livres, obligé conséquemment d'écrire plusieurs objets et de faire des citations de mémoire ; d'ailleurs, ayant travaillé à bâtons rompus ou à mesure que les observations se présentaient à ma vue, je n'ai pu suivre une marche exactement combinée et uniforme.

Au surplus, cet ouvrage étant un enfant du hasard, qui n'a dû sa naissance qu'à des circonstances fortuites, je prie les lecteurs de ne pas me chicaner sur le mode dont il est écrit et sur les différentes matières qui y sont agglomérées. S'il peut provoquer une discussion approfondie sur la partie la plus intéressante de l'Histoire naturelle, la Géologie et la nature des volcans, je serai satisfait.

Comme le cadre de l'ouvrage, tel que je l'ai annoncé dans mon *Prospectus*, est trop resserré pour donner à chacun des sujets que j'ai à traiter tous les développemens nécessaires, et que diverses parties intéressantes pour la prospérité de mon pays n'ont pu y trouver place, parce qu'il aurait fallu presque doubler le volume, j'ai l'intention de donner en supplément ce qui me paraît devoir en faire suite.

OBSERVATIONS

Sur quelques hypothèses émises par divers Natura-
listes, sur les volcans éteints du Velay.

Quelques savans naturalistes, dont je respecte infiniment les talens et la profondeur du raisonnement, séduits et entraînés par une imagination exaltée et la théorie d'un système, ont posé la brillante hypothèse que les anciens volcans de l'Auvergne et du Velay avaient été sous-marins.

Pour approfondir cette question et tâcher de la résoudre dans le sens de la vérité dégagée de toute illusion et de tout esprit de système, il importe, ce me semble, d'examiner les motifs puissans qui ont pu déterminer les Faujas de Saint-Fons et les Desmarets l'académicien à émettre cette assertion, et sur quelle base elle repose.

Serait-ce parce que des argiles et des calcaires provenus de diverses familles testacées, des fossiles et des sables amoncelés par les effets des courans, des schistes, des silex, des marbres et des grès apparaîtraient dans plusieurs parties de ce pays volcanisé? ou bien, parce qu'on rencontrerait de grands blocs de laves ou de basaltes, détachés ou agglomérés, au milieu des vallées, sur des coteaux ou sur des hauteurs très-élevées, et où il n'est pas présumable que des hommes aient pu les transporter sans but et sans raison?

Serait-ce encore parce que la chaîne du Puy-de-Dôme, du Mont-d'Or, du Cantal, de la Lozère et du Mezin, quoique très-élevée, n'est pas comparable à celle des Pyrénées et des Alpes, où l'on rencontre, à une grande hauteur, des montagnes de formation secondaire ou tertiaire, produites par un grand cataclysme?

J'ose penser que cette dernière opinion seule a pu déterminer l'assertion et l'hypothèse de ces naturalistes.

Dans le temps que j'ai visité les parties de l'Auvergne et du Gévaudan, occupé à observer d'autres objets que les effets des volcans éteints, je n'ai pu faire des recherches à cet égard, ni apprécier l'exactitude d'une hypothèse que j'avais adoptée moi-même, sur la foi des savans.

Mais, ayant parcouru récemment les montagnes de la Haute-Loire et celles du Vivarais, jusqu'au Rhône et au mont Pyla, je me suis convaincu de toute l'illusion de ce système erronné.

Si je me permets de contrarier l'opinion de Faujas, dont le nom seul fait autorité, c'est dans l'intérêt de la science et de la vérité.

Je ne pense pas non plus que ce soit la retraite subite de la mer qui ait produit ces grandes fissures qui forment les encaissemens de divers fleuves et rivières qui roulent leurs eaux rapides et torrentueuses dans ces localités élevées, telles que le Rhône, la Loire, l'Allier, l'Ardèche, le Doue, la Canse, le Lignon, la Borne, etc.; et la divergence de mon opinion d'avec celle des hommes les plus recommandables par leur érudition et par la profondeur de leur génie, s'établit dans le resserrement que me présentent ces fleuves et ces rivières, tant dans les vallées granitiques que dans celles où les rochers secondaires ont opposé une telle résistance, qu'il n'y a eu que la lime du temps qui ait encaissé leurs lits dans l'état où ils sont actuellement.

Je donnerai pour exemple le Rhône, la Loire et l'Allier, qui présentent un plus grand volume d'eau.

Si on examine le lit du Rhône à son passage de Beaucaire à Tarascon, proche de son embouchure dans la mer, et là où il doit avoir une plus grande surface ; si, en le remontant, on observe son resserrement à Viviers, puis à Tournon, on sera convaincu que le volume de ses eaux n'a pas considérablement diminué depuis plus de vingt siècles.

Mais, si on suit le cours de la Loire, depuis Saint-Rambert jusqu'à sa source, on reconnaîtra la futilité de l'assertion.

D'abord, cet encaissement se rétrécit à Aurec, puis, entre Bas et Confolens, au-dessous du moulin qui est proche de l'embouchure du Lignon; ensuite, immédiatement à l'angle de

Confolens, en remontant à Vaure, à Retournac, à Chamalières, à Vorey, au château de Lavoûte, à Saint-Simon, à Gourgailhac, au-dessous de Broustilhac, de Peyredeyre et de Duriane, à Saint-Blaise, commune de Cussac, où elle se trouve si resserrée qu'à peine les pêcheurs peuvent trouver un passage hors de son lit; enfin, au-dessous de Chadron, à Labaume, à Goudet, à Soubret et à Issarlès, jusqu'à sa source. Dans les endroits précités, son lit est si étroit que, dans les débordemens, elle surmonte les roches immédiates qui la contiennent dans sa coupe naturelle, creusée par de grands frottemens occasionnés par des masses extrêmement lourdes et dures.

Il en est de même de l'Allier, depuis Chanteuge jusqu'à sa source. Les naturalistes et les amateurs qui voudront s'en convaincre, n'auront qu'à le remonter depuis Monistrol-d'Allier seulement jusqu'à Saint-Haond ; alors ils verront quel laps de temps s'est écoulé depuis que toutes ces rivières roulent leurs eaux dans les parages actuels.

Je ne saurais contester cependant qu'un ou plusieurs grands cataclysmes n'aient amoncelé les charbons de Fugères, arrondissement de Brioude; ceux de Firminy, de Saint-Étienne, de Saint-Chamond, etc.; tous les marbres de Nonette et de la Lozère, les grès, les calcaires et autres cristallisations secondaires; qu'en raison de ce, les mers n'aient pu couvrir en tout ou en partie ces diverses localités; mais établir que les volcans qui ont bouleversé une surface si étendue étaient sous-marins, c'est ce que je ne crois pas et ce que je vais tâcher de démontrer.

Là où la Loire roule ses eaux sur le rocher granitique, son encaissement s'est formé graduellement, et là où son lit est resserré, on aperçoit aisément que sa fissure n'est ni l'ouvrage des courans, ni de la retraite subite des mers ou d'un grand volume d'eau; mais aussitôt qu'on est parvenu dans les localités qui ont éprouvé l'action d'un feu violent, c'est-à-dire, là où l'on commence à rencontrer des substances volcaniques, pour peu qu'on observe les angles élevés des fissures de la Loire et de celles des torrens qui s'y jettent, alors on est bientôt convaincu de l'hypothèse des volcans sous-marins.

D'abord, on n'a qu'à examiner avec quelque attention le banc immense de cailloux roulés, agglomérés avec des sablons, qui commence au-dessus de la vigne de M. Marthory, à l'extrémité du vignoble de Charensac, banc d'une grande épaisseur, qui se prolonge dans le quart de cercle du bassin de Jandriac et sur la hauteur de la plaine de Mons, jusqu'au-dessus du domaine de Prunet; qui disparaît sous l'amas de basaltes et de laves produit par le cratère d'Ours; qui reparaît au-dessus de Charenthus, couronne le vignoble de Valauri, se reperd encore sous les basaltes et les laves au-dessus de Farges, Cussac, Malpas et Solignac, pour se reproduire vis-à-vis de Chadron, puis à la plaine du château de Labaume, et se prolonge, par intervalles, jusqu'au lac d'Issarlès.

Ce lac, qui baigne la base d'un rocher volcanique à pic vers sa partie orientale, et qui, à peu de distance de la Loire, est encaissé dans une masse de rochers de même nature, portant leurs têtes sourcilleuses jusques aux nues, a pour lit un grand amoncèlement de cailloux de toute nature et de toutes les dimensions, mais qui paraissent avoir éprouvé de grands frottemens, par leurs formes sphériques.

Si ces cailloux, ces sables et le gluten qui les adhère dans plusieurs parties n'étaient que des produits granitiques, schisteux et quartzeux, on pourrait penser que l'immensité des siècles qui cache leur origine et les époques de la diminution de leurs formes aurait pu les réunir dans cette localité basse, par l'effet d'un cataclysme et des courans, ce qui est très-possible ; mais les cailloux basaltiques qui s'y trouvent agglomérés, comment auraient-ils reçu la forme sphérique qu'ils présentent dans une si petite dimension, s'ils n'avaient été détachés des grandes masses, et usés par le roulement? Et si les volcans du Velay eussent été sous-marins, comment cette chaîne de cailloux roulés, suivie depuis Issarlès jusqu'à Brive, et qui n'est interrompue que parce qu'elle se perd sous les laves, existerait-elle en si grande quantité, si l'ignition des volcans eût eu lieu sous les eaux ?

La nature de ces cailloux et de ces sables démontre irréfragablement le lit d'un fleuve ou d'une grande rivière, lors de l'action des volcans du Velay; et les basaltes et les laves qui les recouvrent sont la preuve non équivoque qu'ils ont coulé au-dessus des eaux et non au-dessous.

Que cette chaîne immense, qui commence en-delà de Clermont et ne se termine qu'à Mésilhac (Ardèche), fût, lors des éruptions des volcans qui l'ont bouleversée, au milieu des eaux de la mer et ne formât qu'une grande île, cela est très-possible, même probable ; mais que les feux qui ont dévoré ou changé la forme des substances primitives aient agi sous les eaux, cela paraît un système inadmissible et insoutenable.

On voit aussi un banc pareil, et de la même nature de cailloux et de sables, c'est-à-dire, de granitiques et de volcaniques, au-dessous des basaltes tronqués de Montredon, qui se prolonge le long de la fissure de la Borne, par la Bernarde, Saint-Vidal, jusqu'en-delà du village de Borne, ce qui indique l'ancien lit de la même rivière, qui s'est abaissé de plus de cinquante toises perpendiculaires du lit actuel; donc, ces rivières coulaient avant les dernières éruptions des volcans, et pendant la durée de leur état ignivome ; et ce qui le démontre le mieux, c'est que là où les basaltes ont coulé sur ces bancs de sables ou de cailloux, ils ont fait mâchefer ou boursoufflure ; ce qui prouve qu'ils ont coulé dans les eaux, dont l'action et le contact ont opéré la retraite subite.

Une autre hypothèse admise par Faujas et autres, c'est celle de la projection des masses de Saint-Michel, de Corneille, de Polignac, Ceyssac, Espaly, Rochelimagne, et de toutes les brèches qu'on rencontre dans les vallées volcanisées, parmi lesquelles est comprise la trop célèbre Roche-Rouge.

Si ces masses avaient été projetées par l'action des feux volcaniques, quelle force projectile n'aurait-il pas fallu pour ébranler et lancer des corps pareils ? le globe entier en eût été horriblement secoué. Mais en considérant leur nature, on aperçoit facilement, avec un peu de réflexion, qu'elles ont été coulées, déjetées, et non projetées.

La troisième hypothèse, qu'elles sont sorties du sein de la terre et du milieu des substances primitives, n'est pas plus soutenable.

D'abord, la Roche-Rouge est assise sur le granit, et sa base est parfaitement apparente ; après son issue comme celle d'un champignon, les granits, auxquels elle est superposée, se seraient donc resserrés et auraient laissé sous eux et dans leur sein le vide où elle se serait formée; ce qui paraît absurde.

Corneille et Saint-Michel, qui sont assis sur des bancs de plâtre, auraient éprouvé à leur base le même événement, c'est-à-dire, la réunion de la matière qui les soutient.

Corneille, quoiqu'il ait une forme conique et verticale, n'est pas coupé à pic vers sa base; il s'étend, d'un côté, jusqu'à l'entrée du faubourg Saint-Jean, et de l'autre, jusqu'au bas du bois du Séminaire. L'Hôtel-Dieu et l'Hospice sont assis dessus, tandis que lui-même est superposé au calcaire; et il forme, à sa base, boursoufflure et mâchefer, ce qui annonce aussi qu'il a coulé en partie dans un moule humide.

Les naturalistes qui ont visité ces diverses butes de formes coniques ont décidé, d'après l'opinion de Faujas de Saint-Fons, qui a formé autorité dans cette partie d'histoire naturelle, que ces brèches ou cônes avaient été poussés des entrailles de la terre par l'action et la force des feux souterrains; et comme on aperçoit, dans la mer de Naples et à l'entrée du détroit de Messine, divers îlots ou rochers sortis comme par enchantement du fond de la mer, tel que celui de Stromboli, on a présumé, par analogie, que ceux de Corneille, de Saint-Michel, la Roche-Rouge et autres ci-devant désignés, avaient la même origine.

Il me semble qu'il y a une différence remar-

quable entre les rochers des mers des deux
Siciles qui, tout formés sous les eaux et submergés ou engloutis par les tremblemens de
terre, avaient été repoussés vers la surface par
une force intérieure; mais on ignore ce qui leur
sert de base, et s'ils ne seront pas réengloutis
par d'autres tremblemens, car les deux courans
opposés, ou ce qu'on appelle marée dans le
pays, ne sont que le résultat de divers rochers
de même origine, parsemés à l'entrée du détroit
ou dans le détroit même; tels que ceux connus
sous le nom de gouffres de Carybde et de Scylla,
qui ne sont pas des abîmes engouffrant les eaux
de la mer, mais bien, au contraire, des butes
volcaniques cachées sous les eaux, qui, rapprochées, forment deux courans très-dangereux
et en sens opposé.

Or, tous les rochers qui sont aux environs du
Puy, de forme conique tronquée, fussent-ils de
même nature que ceux de Stromboli et des
environs de Naples, n'ont pas été produits
par une force projectile intérieure, mais par
une fusion, puisque la base où quelques-uns
sont superposés, comme Corneille et la Roche-
Rouge, est connue.

Si donc le banc de plâtre, qui sert de support
au rocher de Corneille, s'était entr'ouvert
pour donner passage à cette brèche, sa nature
homogène se serait détériorée, comme on le
voit dans les autres parties calcaires qui ont

éprouvé l'action d'un feu violent, telle que cette lave terreuse qu'on aperçoit vis-à-vis Trois-Pierres, au milieu de la route, sur la droite du Puy à Charensac. C'est donc une erreur de croire que ces diverses masses sont apparues comme des champignons, puisque le sol qui leur sert de base est évident; et si jamais le rocher de Corneille s'ébranle, ce sera lorsqu'à force d'excaver et d'exploiter sous lui les carrières à plâtre, son support ne pourra plus soutenir le poids de son volume et de sa densité.

Comme aussi un grand banc calcaire ou argilo-calcaire embrasse une surface dont le diamètre peut avoir trois lieues, ce qui lui donnerait à-peu-près neuf lieues de circonférence, toutes les brèches et toutes les substances volcaniques qui gisent dessus ne sont évidemment que le résultat de diverses éruptions et de plusieurs coulées successives; ce qui le démontre le mieux, c'est la verticalité de plusieurs bancs de basaltes sur lesquels d'autres de même nature, mais de différentes coulées, ont formé des basaltes horizontaux et obliques, suivant l'impression de l'air qui a dirigé les prismes et le retrait de la matière en fusion; et toutes ces masses sont couronnées par des laves compactes, laves poreuses, boueuses ou scories.

Ayant donné une idée des moyens lents et progressifs qu'a employé la nature pour former ces grandes excavations qui encaissent nos ri-

vières et les ruisseaux torrentueux qui s'y dégor-
gent, il importe d'examiner comment les hommes
les plus profonds dans la connaissance de l'Histoire naturelle ont pu se persuader que la retraite
subite des eaux qui ont couvert, à certaines époques, nos montagnes, époques impossibles à
déterminer parce qu'il n'a resté aucune trace
apparente des corps marins qui ont produit des
bancs calcaires ; que cette retraite, dis-je, ait
été l'unique cause de ces fissures.

Si on examine superficiellement les livres qui
traitent de ces matières profondes autant qu'abs-
truses, parce que la plupart s'établissent sur
des hypothèses, on est séduit d'abord par les
brillantes fictions que leurs auteurs en ont donné;
et si on n'est pas aussitôt persuadé de la solidité
du système que chacun d'eux a établi, on n'en
est pas moins agréablement promené dans le
pays enchanté des chimères.

Mais si, après avoir comparé les opinions des
savans sur ce qui est produit par une imagination systématique, on cherche à se rendre raison
de la solidité ou de la véracité de leurs assertions,
alors on commence à tomber dans le pyrrhonisme, ce qui devient l'état le plus fâcheux de la
vie, et d'où l'on ne peut sortir qu'en se jetant
dans les vérités mathématiques.

En se représentant une grande partie de
notre globe subitement submergée par les mers,
que ce soit l'effet du contact, de l'attraction

ou compulsion d'une Comète ou de tout autre corps vaguant dans l'espace, ou d'un corps détaché d'un plus grand, et qui n'a pas encore pris sa place dans le système où il doit se trouver; soit que ce corps, trop rapproché de la terre, ait attiré les eaux de l'Océan à une grande élévation par sa force attractive, et que, se rabaissant subitement sur elles-mêmes, leur chute ait produit leur expansion à des distances très-éloignées de leurs lits naturels, on conçoit qu'une pareille révolution doit entraîner de grands amoncèlemens de sables, de coquillages et autres objets mobiles hors de leurs gisemens ordinaires, et que ces mêmes eaux, cherchant leur nivellement pour obéir aux lois de l'équilibre, ramènent dans leurs abîmes la plus grande partie de ces masses mouvantes; alors il doit se former, dans les localités qui avaient été submergées, d'immenses ravins, rainures ou fissures; mais cela ne peut arriver que là où ces matières peuvent glisser facilement, et là où elles ont suivi la retraite des eaux; tandis que les vallées, les bassins et les lacs encaissés au milieu des montagnes auront retenu une partie de ces substances. C'est ce qu'on voit partout où il y a des bancs calcaires, des glaises, des fossiles, des marbres, des grès et des sablons.

Mais lorsque la terre, abîmée temporairement sous les eaux et entièrement bouleversée dans son état végétatif antérieur, se sera repeuplée en

êtres vivans ; que les masses, agglomérées et gra-
vitantes par la force centripète et leurs moyens
d'affinité, se seront agglutinées et condensées,
alors les eaux pluviales et fluviatiles qui coule-
ront dessus, n'ayant point un assez grand volume,
ne se frayeront qu'un passage nécessaire à leur
écoulement ; et si des obstacles majeurs s'y opposent, elles formeront des lacs jusqu'à une
hauteur où elles puissent se dégorger pour re-
prendre un nouveau cours. Ceci ne peut être
applicable qu'aux îles montagneuses ou aux pays
élevés dont les inégalités antérieures aux cataclysmes ont facilité ces ravinemens ou ces fissures. Il n'en doit pas être de même des terres
élevées qui sont à un certain éloignement de
la mer, surtout si ces élévations sont formées
par des cristallisations primitives ou secondaires,
et si les unes et les autres sont d'une telle densité qu'elles soient inébranlables dans leur
ensemble par d'autres causes que par une
incandescence provenant de la réunion d'une
grande quantité de matières combustibles et
inflammables qu'elles contiendraient dans leur
sein. (1).

Cette digression, déjà trop longue et fasti-

____

(1) Ceux qui ont lu ou qui lisent pour la première fois, sans
autre intention que celle de satisfaire leur curiosité, l'histoire
des voyages, des découvertes, ou les relations de quelques navigateurs, seront sans doute étonnés, comme je l'ai été moi-même
de prime abord, d'y voir consigné, avec toute la magie du merveilleux, que de nouvelles îles étaient apparues, comme par
enchantement, au milieu des mers, à telle ou telle latitude bien

dieuse, m'ayant dévié de la route que je m'étais
prescrite, je vais y rentrer et examiner si les

---

déterminée, et à telles époques. Mais ceux qui approfondissent
ce prétendu phénomène pensent, avec raison, que ces îles ont
pu échapper à la vue et aux recherches des précédens voyageurs,
puisqu'ils ne les ont point classées ni signalées dans leurs cartes.

Le lecteur superficiel range ce conte parmi les merveilles qui
plaisent à l'esprit, sans les concevoir; mais le penseur qui cherche
à se rendre raison de la cause des phénomènes ou de leurs divers
effets, ne tarde pas à découvrir la vérité, quels que soient les
prestiges dont on puisse l'entourer.

En parcourant dans tous les sens l'immense surface des mers
qui couvrent les deux tiers du globe, jusques là où les glaces arrêtent tout accès, diverses îles basses ont pu échapper, pendant
des siècles, à l'œil vigilant des navigateurs, surtout si ces terres
basses et planes étaient sans végétation lors de leur passage à un
certain éloignement de leur gisement.

Un siècle, même cinquante ans après le tracé des anciennes
cartes, les Bougainville, les Cook, les Clarke, les Gorrhe et les
Lapeyrouse, en passant par ces latitudes, ont rencontré une ou
plusieurs îles boisées et même peuplées d'hommes et d'animaux
de diverses espèces, là où leurs prédécesseurs, les Davis, les
Lemaire et les Magellan n'avaient rien aperçu.

Tout cela est dans l'ordre des choses possibles; mais au lieu
d'accuser d'erreur les navigateurs qui n'en avaient point fait mention, parce que réellement ils n'avaient rien vu, ou de torturer
son imagination pour jeter du merveilleux sur un fait naturel,
voici, ce me semble, la manière dont on peut expliquer le phénomène : On est convaincu que les grands hommes précités ont
consigné, dans les relations de leurs voyages, qu'au milieu des
mers atlantique, du nord et pacifique, à une grande distance des
continens ou des îles connues, ils avaient rencontré divers courans et des bancs à fleur d'eau, ce qui les avait obligé d'avoir
sans cesse la sonde à la main pendant plusieurs jours ; ils ont
même indiqué les latitudes exactes où ces bancs et terres submergés
sont placés.

Dans plusieurs autres parties, ils ont trouvé des terres basses
sans végétation ; et un siècle ou un demi-siècle après, ces terres
ont formé des îles couvertes d'arbres de diverses espèces et peuplées d'hommes et d'animaux.

Les naturalistes sont convaincus que tous les germes des végétaux peuvent se répandre sur toute la surface des terres du globe,
hormis là où des sables brûlans ou des glaces éternelles interdi-
sent leur approche ; qu'ils y croissent et se reproduisent lorsqu'ils
rencontrent toutes les circonstances nécessaires à leur développement et à leur constitution ; que même beaucoup de plantes des
zones chaudes, tempérées ou froides, intertropicales ou boréales,
peuvent s'acclimater et se naturaliser à de grandes distances de
leur zone natale ; que la différence des climats et des terres qui
les adoptent modifie leurs fruits de telle manière que des poisons

grandes fissures qui encaissent nos rivières sont
la suite nécessaire d'un frottement graduel pro-

actifs dans certains pays sont devenus des alimens généreux et
agréables dans d'autres, et surtout de puissans remèdes pour
diverses maladies. Ils savent que les eaux de la mer, par les
tempêtes, les marées et les courans; les fleuves et les rivières,
dans leurs débordemens, peuvent, dans peu de temps, transporter les graines à un grand éloignement, sans aucune dété-
rioration. Que, sur un millier de chaque espèce de ces graines,
une seule vienne à germer; qu'elle rencontre une terre vierge et
pleine de sucs nutritifs, elle prendra un accroissement rapide :
dix ans suffiront aux arbres pour se reproduire, et une année aux
plantes annuelles, ainsi qu'aux vivaces; ces dernières, entraînées
dans leur état naturel et jetées sur un rivage, pourront encore
s'y implanter et s'y répandre avec rapidité. Dans cinquante ans,
une ou plusieurs îles d'une grande étendue peuvent en être couvertes, et offrir aux espèces animales une habitation agréable et
des alimens sains et abondans.

Aussitôt que la végétation est établie, elle arrête et fixe les
nuages, ainsi que toutes les vapeurs atmosphériques, que chacune
d'elles s'approprie, selon sa constitution et ses besoins; la terre
végétale s'augmente graduellement, et les prétendues îles sorties
par enchantement du sein des eaux ne sont que les effets naturels
d'une cause jusqu'alors inconnue, parce qu'on n'avait pas cherché
à la découvrir.

Il est bien possible qu'à la proximité des volcans en action,
soit dans des îles ou dans des continens, aux bords des mers,
quelques îlots ou rochers soient poussés du fond des eaux, dont
la profondeur n'est pas considérable, au-dessus de la surface,
pareils à ceux qu'on voit aux environs du Vésuve, de l'Etna ou
ailleurs; mais ce ne sont que des îlots de peu d'étendue, ou plutôt des buttes dont l'apparition est si précaire, que la même cause
qui les a poussées en dehors peut les engloutir à chaque instant.

Mais si l'on me disait que la nouvelle Zélande, les îles de la
Société, celles des Amis, d'Otaïti, etc., ont échappé à la vue de
tous les navigateurs qui avaient parcouru l'Océan pacifique jusqu'au 65.ᵉ ou 70.ᵉ degré de latitude, je répondrais péremptoire-
ment que ces navigateurs, ou n'avaient fait que traverser cette mer
à peu d'éloignement des côtes de l'Amérique, qu'alors ces archipels
et ces grandes îles ne s'étaient point présentés sur leur route, ou
qu'ils en avaient imposé, parce qu'on ne peut aller, du détroit de
Magellan ou du cap Horn, en doublant la terre de feu, dans la
nouvelle Hollande, en traversant la mer du Sud, sans apercevoir,
ou la nouvelle Zélande, ou quelqu'un des archipels susdésignés.

Tous ceux qui ont lu le dernier voyage de Cook et les mémoires
des Forsterh père et fils, savent qu'aussitôt que ces naturalistes
furent arrivés dans les parages *sud-ouest* de la nouvelle Hollande,
ils se trouvèrent, pendant long-temps, enfermés dans une mer
si basse et parmi une infinité de rochers et de bancs à fleur d'eau,
qu'ils faillirent à y faire naufrage, et qu'il leur fallut plusieurs mois

duit par la succession immense des siècles, ou par un mouvement éruptif spontané et local.

Quand, placé sur la hauteur de Douhe, ou sur la sommité basaltique qui domine le bassin de Jandriac, ou sur les hauteurs de Farges, de Cussac, de Saint-Martin de Fugères ou du lac d'Issarlès, je plonge mes regards dans le fond des vallées où la Loire roule ses eaux, presque toujours sur un lit granitique ; que, les promenant de droite et de gauche, j'examine les monceaux

---

pour sortir de ce labyrinthe d'écueils cachés. Je suppose que le poids énorme des glaces ou des attérissemens jetés vers le pôle austral le fasse incliner, alors le volume des eaux qui le couvraient s'augmentera par ce surcroît de pesanteur, et ces bancs et rochers, qui embrassent une grande surface autour de la nouvelle Hollande, pourraient être mis à découvert et s'additionner à cette grande île, ou plutôt à ce petit continent, et les îles situées en-delà du détroit de Magellan ou du cap Horn se trouver submergées.. C'est ainsi que les eaux des mers changeant de place, ou par une secousse subite et violente, ou par une progression graduelle, finissent par couvrir successivement toutes les parties du globe.

Il est de toute évidence que les fleuves et les rivières charrient continuellement dans les mers les débris des rochers ou des terres élevées qu'ils entraînent dans leurs inondations par les orages et les avalaisons ; que les abîmes des mers s'en emparent graduellement ; que les parties les plus légères, telles que les sablons, les terres et l'humus sont rejetés sur les bords, ou par les marées, ou par les tempêtes ; qu'elles y forment des dunes et de grands attérissemens. Alors les mers, reculant d'un côté leurs rivages pour conserver l'équilibre que leur position respective nécessite, elles submergent les terres basses.

La preuve la moins équivoque de cette assertion se présente à Fréjus et à Aigues-Mortes, où Louis IX s'embarqua avec les Croisés pour se rendre en Orient, et qui sont à présent l'un et l'autre à un grand éloignement de la mer. Les eaux du Nil, du temps de Diodore de Sicile, dans les premières années de notre ère, s'écoulaient dans la Méditerranée par sept branches et sept embouchures ; à présent il n'y en a que deux, et le Delta s'est agrandi prodigieusement, comme le sol de l'Egypte s'est élevé.

On multiplierait les exemples à l'infini, si on contestait cette proposition ; mais la raison a fait des progrès si rapides dans ses développemens, que les connaissances étant devenues générales, la démonstration de plusieurs phénomènes est presque mathématique.

de basaltes et de laves renversés et entassés les uns sur les autres, au haut des coteaux, comme dans le fond des fissures, alors il m'est facile de concevoir que ces abîmes, précédemment creusés par les galeries et l'action des volcans dans leur état d'ignition, se soient rouverts par l'effet des tremblemens qui ont dû nécessairement agir pendant leurs éruptions ou après leur extinction, et que le cours naturel des fleuves et rivières qui existaient avant ou pendant leur action ait accéléré la chute de ces masses ; mais lorsque je reparais sur le sol granitique, depuis le village du Monteil, canton rural du Puy, jusqu'au château de Lavoûte-sur-Loire ; que, de là, je me porte sur les hauteurs de Peyredeire ; qu'en suivant cette chaîne de roches primitives, de Saint-Quintin, Broustilhac, jusqu'à l'angle saillant qui est vis-à-vis le domaine de Ceyssaguet ; que, de cette belle position, je parcours, de la vue, la riante et féconde vallée de l'Emblavès, alors je je me dis : Rien ici n'a agi par secousses ni violemment ; tout a été lent et graduel, et la hauteur où je me trouve, à plus de deux cents toises perpendiculaires du bord des eaux de la Loire, comparée à celle du Gerbier-de-Jong où elle prend sa source, est l'ouvrage des siècles et non celui d'aucune révolution physique.

Il en sera de même des hauteurs de Saint-Haond, Alleyras, Vabres, Saint-Jean-Lachalm, Saint-Didier-d'Allier et Saint-Privas, jusqu'à

Prades. Des deux côtés du lit de l'Allier, le cours de cette rivière sur le sol granitique est l'œuvre du temps. L'homme studieux, réfléchi et observateur peut facilement se rendre raison de la marche lente et graduelle qu'observe la nature dans ses principales opérations, et il pourrait soumettre au calcul le temps qu'elle peut employer, tout accident fortuit excepté, à tracer et à pratiquer le lit d'un ruisseau comme celui d'une rivière et d'un fleuve, en établissant des points de comparaison.

Par exemple : la rivière de Gagne coule sur le rocher granitique, exclusivement, depuis Montusclat jusqu'à son confluent avec la Loire, au-dessous de Peyrard ; cette rivière est des plus torrentueuses, parce qu'elle descend des plus hautes montagnes du Velay, le Mezin et l'Ambre contigus ; qu'elle passe par un vallon très-étroit, et que, de sa source à son embouchure, il n'y a qu'environ quatre lieues.

Depuis le domaine des Pandreaux, elle est étroitement encaissée dans un rocher de granit très-dur, et en suivant le court espace qui se trouve de là à Peyrard, qui est d'un quart de lieue, on aperçoit partout la trace qu'un frottement continuel a opérée, soit par le passage de gros blocs de pierres et de cailloux roulés, lors de ses débordemens, soit par celui des glaces qui descendent des montagnes, soit enfin par celui des eaux et des météores.

Les naturalistes, les physiciens et tous ceux qui réfléchissent et observent la nature dans son ensemble comme dans ses diverses parties à portée d'être observées ou analysées, sont invités d'examiner avec quelque attention la fissure très-resserrée que présente le lit actuel de la Loire, à l'extrémité de la vallée de Duriane, de suivre le cours du fleuve jusqu'au château de Lavoûte; puis, en le remontant, de s'arrêter à la grande vallée des Chartreux; là, d'examiner aussi la carrière de grès qui est dans l'enclos de M. Mariac, et les divers fragmens qui s'y trouvent agglomérés; de les comparer avec le rocher sur lequel est assis l'ancien couvent; de parcourir son étendue apparente sous le pont de Villeneuve, se relevant à une certaine hauteur jusqu'au milieu des vignobles de Brive et de Sainte-Lucie, et finissant immédiatement au-dessus du vieux pont de Charensac, où le rocher granitique commence à reparaître sous les eaux et sur leurs bords.

On voudra bien aussi observer les substances calcaires et argilo-calcaires qui commencent à se montrer au-dessus du village d'Orzillac, en se dirigeant vers Lous-Bouiroux, rive droite de la Loire; puis, de là, se reporter sur l'angle opposé qui est à l'embrasure de la vallée de Jandriac, et suivant la rive gauche du fleuve, depuis le commencement du vignoble de Charensac jusqu'à Farnier et sur la route publique, à la montée appelée *Tire-Bœuf*, où paraît un banc calcaire à peu de profondeur : toutes les diverses substances qui composent le sol superficiel, comme celles qui sont intermédiaires, et celles qui ont servi de base primitive, sont assez apparentes dans tous ces parages pour convaincre l'observateur instruit des causes de leur gisement, surtout s'ils descendent la rive opposée, depuis le confluent de la Gagne à Peyrard, jusqu'au village du Monteil, assis sur le granit (1).

En observant la gorge appelée les *Chaussées-de-Brive*, où est la route du Puy à Lyon, on trouvera, à droite et à gauche, un grand banc argileux très-profond qui, tournant le pic volcanique de Brunelet, par Fay-la-Tuilerie, vient reparaître vis-à-vis la Chartreuse.

Immédiatement sous cette roche de formation tertiaire, qui court depuis le pont de Brive jusqu'au confluent de la Borne, on trouvera un sable très-fin et grisâtre qui, ayant manqué de gluten nécessaire à sa cristallisation ou à son adhérence, a demeuré friable et pulvérulent, mais qui est d'une grande utilité. Il sert à mouler les sonnettes et grelots fabriqués au Puy, et les ouvrages en gueuse fondus par les sieurs Fabre et Guilhaume; souvent même il sert aux orfèvres pour mouler des pièces communes (2).

____

(1) Monteil, dont l'étymologie est *Mont à œil*, ce qui annonce qu'il a dominé sur un lac.

(2) Les bons ouvriers en orfévrerie ne se servent à présent que de l'estampure et non du moulage.

Ce sable argilo-quartzeux, extrêmement trituré, se découvre dans la vigne du sieur Brun, cafetier du Puy, d'où on l'extrait; puis, immédiatement, sous le rocher qui flanque le village de Brive et dans la vigne des enfans Lavialle; on le retrouve encore au milieu du coteau opposé de la vallée, vers le domaine appelé le Lac, appartenant à M. Calemard-Lafayette, procureur du Roi; et là il repose sur un banc argileux de peu d'épaisseur.

En conséquence de cet exposé, je pense qu'avant et pendant les dernières éruptions de nos volcans, les eaux de la Loire et de la Borne se jetaient dans un grand lac, qui commençait à Chadrac, remplissait cette grande vallée qui se présente en remontant la Loire jusqu'au-dessus de Solignac, bifurquait à droite vers Jalasset et Montgiraud, couvrait la vallée du Puy et se terminait au-dessus des Estreys, à la gorge de Saint-Vidal.

Ce n'a été que lorsque les eaux, s'étant ouvert une issue par Peyredeire et Gourgailhac, ont eu creusé un lit assez profond pour opérer leur dégorgement, que ces lacs se sont desséchés et que les deux rivières ont formé un lit stable, mais profond. Toutes les substances déposées lentement et graduellement dans les divers gisemens de ces vallées sont la preuve irréfragable de cette assertion.

Je pourrais encore multiplier les exemples,

pour servir de colloraire à ce que j'avance, en engageant les observateurs à examiner aussi la grande vallée de l'Emblavès jusqu'au détroit qui est au-dessous de Vorey, et les substances argilo-calcaires qu'elle contient.

Il en serait de même s'ils visitaient la vallée de Bas-en-Basset, où l'argile domine; et, avant de quitter le canton du Puy, il faudrait observer le bassin de Polignac et les deux fissures ou gorges de Cheyrac et de Chanseaux.

Tout ce qui vient d'etre dit me semble résoudre l'hypothèse émise par Bertrand-Morel, que l'étendue des vallées qui servent de lit aux rivières de ces montagnes doit faire présumer qu'à des époques bien éloignées elles devaient rouler un plus grand volume d'eau; qu'alors leurs sources devaient être plus abondantes et provenir de localités plus élevées que celles qui existent à présent; conséquemment, qu'il y a eu un affaissement général.

Je ne contesterai pas, dans toutes ses parties, cette proposition; je pense, comme cet auteur, qu'il s'est opéré un affaissement graduel du sol primitif; qu'il a existé autrefois des montagnes encore au-dessus de celles qui sont les plus éle-vées; que le Mezin, l'Ambre et Montfouy, conti-gus, ont dû être dominés par les cratères qui les ont produits; parce que, comme je l'ai dit plus haut, ces trois montagnes, dont deux coni-ques, et l'autre en forme de selle de cheval, sont

le résultat d'une fusion et d'une déjection volcanique vomie, ou par le cratère qui devait être
beaucoup plus élevé, ou par ses flancs.

A côté d'une sommité cratéreuse, pendant une
ou plusieurs éruptions, il peut bien s'élever un
pic ou une montagne au-dessus de celle qui
renferme le foyer du volcan; mais cette montagne ne sera point formée ni de basaltes, ni
de laves compactes; elle le sera de scories ou de
cendres lancées du cratère, qui se sont amoncelées et rocalisées par leur propre gluten, et ces
élévations sont faciles à distinguer de celles produites par la coulée d'une matière fusible et
homogène qui, en se refroidissant, se cristallise
et donne des corps pesans et extrêmement durs;
tandis que les premières sont légères, faciles à
triturer et à devenir friables, tels que le mont
Recoux, qui domine de plus de cent toises le
lac du Bouchet, et le pic de Rossignol, encore
plus élevé.

Ces deux montagnes sont les plus hautes de la
chaîne du Bouchet et de Seneujols. Il en est de
même de celles de Montbonnet, de Bisac, de
Concis, de Tallobre, d'Eycenac, de Croustet,
de Vourzac, etc., etc.; tandis que le Mezin,
l'Ambre et Montfouy sont le résultat d'une coulée, puisque ces hautes montagnes sont constituées, depuis leur base jusqu'à leur sommet,
en basaltes prismatiques et en basaltes en tables,
très-durs et d'un beau grain.

Si le cratère qui les a vomies n'existe plus, il y a donc eu déblai ou affaissement; sous ce rapport, les eaux ont bien pu diminuer de leur volume primitif, car ces sommités devaient alors être couvertes de neige ou de glace, dont la fonte pouvait produire beaucoup plus d'eau, mais non pas assez pour couvrir toute la vallée, ainsi que l'a pensé Bertrand. Cet auteur, très-instruit d'ailleurs, n'ayant observé que superficiellement, parce qu'il n'avait parcouru que les vallées qui sont autour du Puy, a établi son hypothèse par analogie (1). S'il eût examiné le sol granitique, il se serait convaincu que la fissure et l'encaissement des rivières de cette partie ne sont pas comparables à ceux des localités volcanisées; il aurait vu les traces apparentes d'un grand frottement, mais d'un frottement lent et graduel; et aucun indice, dans ces gorges très-resserrées, ne porte à croire ni à penser que jamais un plus grand volume d'eau y ait passé, si ce n'est lors des inondations; et la hauteur où elles se sont portées à diverses époques est évidemment remarquable.

Si Bertrand eût remonté l'Allier depuis Coude jusqu'à sa source, arrêté vers le pont de Vieille-Brioude, il n'eût pu se dispenser de considérer

_____

(1(Qu'on ne pense pas que je profite de la mort de mon ancien ami; de son vivant, nous avons eu des contestations très-vives sur diverses matières, et je rends justice à la profondeur de ses vues comme à son érudition; mais, s'agissant de faits qui sont du ressort des hommes instruits et observateurs, c'est à leur tribunal que j'en réfère, et c'est lui qui doit décider les deux questions.

la fissure étroite qui forme le lit de cette rivière ; lit creusé lentement, graduellement, au milieu d'une masse granitique de même nature ; et si réfléchissant sur le laps de temps qui s'est écoulé depuis que les eaux roulaient au-dessus du bourg et traversaient la plaine et les vignobles qui s'étendent jusqu'à Brioude, où partout on rencontre des cailloux roulés, jusqu'à aujourd'hui qu'elles se trouvent extrêmement resserrées, il eût conçu le projet de monter plus haut et de parcourir ses bords, au moins jusqu'à Monistrol-d'Allier ; alors, son hypothèse se serait évanouie par l'observation.

La rivière d'Allier, vers sa source, n'a qu'un bien petit volume d'eau ; ce n'est même qu'un mince ruisseau. Elle ne commence à prendre quelque consistance qu'à St.-Haond ; mais à Lamothe, elle est beaucoup plus volumineuse que la Loire à Vorey, quoique le trajet qu'elle parcourt jusques-là soit à peu près égal, en tirant une ligne droite. La différence se trouve dans les nombreux ruisseaux que fournissent à l'Allier tout le pendant nord et nord-ouest de la Margeride, et celui nord-ouest de la Lozère, qui, de sa source à Langeac, présente à son sud et à son sud-ouest, en-deçà de la Margeride, un grand espace sur le sol granitique, dans la partie du Gévaudan ; tandis que du côté du Velay, sol volcanique, cette rivière est immédiate aux hautes montagnes qui constituent cette chaîne, depuis Siaugues-Saint-Romain jusqu'à Pradelles.

On serait sans doute surpris de trouver le cours de l'Allier si paisible dans les temps ordinaires, tandis que celui de la Loire est plus torrentueux, si on n'examinait les lieux où coule la première rivière et l'endroit où elle prend sa source, qui est au moins à deux cents toises perpendiculaires plus bas que celui de la seconde; mais lorsqu'on a parcouru leurs rivages respectifs, on est aussitôt convaincu de la vérité. L'Allier n'a que peu de pente dans tout son cours, mais ses débordemens doivent être terribles, lorsque les vents du sud et du sud-ouest dominent, lors de la précession des équinoxes, par la raison que la Margeride et la Lozère, formant un bassin d'une vaste étendue jusqu'au pied des montagnes du Velay, cette rivière doit recevoir une immense quantité d'eau; et si ces contrées n'étaient pas mieux boisées que celles du Velay (1), les terres siliceuses, produites par le détritus granitique qui est plus facile à entraîner, auraient bientôt couvert les plaines du Bourbonnais et du Nivernais (2).

L'encaissement de la Loire étant plus resserré

____

(1) Elles commencent à se bien dégarnir et à former de grandes clairières ; indépendamment de la consommation ordinaire, qui chaque jour augmente par l'accroissement progressif de la population, il s'y est établi une fabrique en verrerie, qui les aura bientôt dévastées.

(2) Ce n'est que depuis Langogne jusqu'en-delà de Vieille-Brioude, que l'Allier a son lit très-resserré, si on en excepte quelques vallées, telles que celles d'Alleyras et de Langeac ; mais depuis la Bajasse jusqu'à son confluent, il peut s'étendre sans contrainte.

par de hautes montagnes qui lui sont presque immédiates, et leurs bassins ne présentant pas autant de surface, elle reçoit moins de forts ruisseaux, et elle serait bien plus torrentueuse si sa course n'était pas aussi longue, par les sinuosités qu'elle décrit; car, depuis la vallée de Brive jusqu'à sa source, on ne peut compter qu'à peu près cinq lieues en ligne droite, tandis qu'elle en donne plus de cinquante en suivant son lit. Le pont de Brive est à trois cents toises d'élévation de Marseille, et le Gerbier-de-Jonc l'est à près de huit cents; il y a donc cinq cents toises de chute depuis sa source jusques-là. On doit penser alors quels détours elle doit faire, sans cascades, pour arriver à cette localité.

A plusieurs époques différentes, j'ai remonté et suivi ses rivages, depuis Vorey jusqu'à sa source; j'y ai employé quinze jours, ce qui, à trois lieues et demie par jour, donnerait cinquante-deux lieues et demie; pendant que, dans six jours, on peut suivre ceux de l'Allier, depuis Lamothe jusqu'au Cheylar.

Du pont de Brive au Gerbier-de-Jonc, on peut établir cinq lieues communes de distance, par une ligne droite, et environ cinquante, en suivant le cours du fleuve. Par une même ligne, à partir de ce pont jusqu'à Confolens, embouchure du Lignon (1), il y a environ six lieues,

(1) Ce n'est point le Lignon de l'Astrée de Durfé; mais les truites, les tâcons et les ombres qu'il nourrit valent mieux que les goujons du Lignon du Forêt.

et à peu près trente, par le courant des eaux ;
ce qui donne, de la source au confluent du Lignon,
quatre-vingts lieues ; et , de là au Gerbier-de-
Jong, il n'y a pas cinq lieues directes , en décrivant
un triangle scalène ; donc le fleuve se trouve plus
rapproché de sa source que lorsqu'il coule dans
la vallée de Brive ; de manière qu'il parcourt
plus de cent lieues dans le Velay, tandis que la
ligne doite n'en donnerait pas dix.

On voit, par ces détails, combien de sinuosités
il décrit, ce qui rompt son impétuosité et bat
extrêmement ses eaux, qu'on n'utilise pas assez,
parce que le pays manque de génie industriel, et
que les capitalistes préfèrent livrer leurs fonds à
l'agiotage, chancre affreux qui corrode tous les
canaux constitutifs de l'harmonie de la société
et prépare les révolutions, par le désespoir des
malheureux qu'il opprime.

Avec tous les moyens de prospérité, un pays
peut être la proie des besoins les plus pressans,
lorsque ceux qui le dominent ne savent pas employer à propos leur influence et leurs richesses.

DE LA NATURE

DES TERRES DE L'ANCIEN VELAY

ET DES PAYS ENVIRONNANS,

AINSI QUE DU GISEMENT DES SUBSTANCES DIVERSES QUI
CONSTITUENT LEURS SURFACES.

DES révolutions physiques, dont les époques sont cachées dans la nuit des temps, mais dont les funestes catastrophes sont indélébilement tracées sur le vaste tableau des volcans qui ont bouleversé le département de la Haute-Loire, et de l'existence desquels un œil observateur ne saurait douter sans porter le scepticisme jusqu'à ce qui est le plus rigoureument démontré; voilà ce qui constitue, en grande partie, la Géologie de ces contrées

Quels sont les documens, quels sont les indices de leur état d'ignition? Ont-ils été sous-marins? Ont-ils agi dans un espace de temps déterminé et circonscrit? Peut-on leur assigner une ou plusieurs périodes ignivomes? C'est à la science profonde, à l'œil exercé dans l'histoire de la nature à nous guider et à nous instruire des annales du globe terrestre.

Mais la Géologie de cette région peut-elle être facilement décrite, facilement démontrée?

oui, je le pense ainsi; non pas dans le sens absolu de la science exacte, mais bien dans son acception ordinaire.

Comme ce n'est pas une solution algébrique ou mathématique qu'il faut attendre ou exiger de cette proposition, ni qu'on peut expliquer des assertions hasardées ou mal digérées, par des systêmes et des hypothèses, je vais tâcher d'être intelligible autant que possible, même pour les personnes peu versées dans les matières abstraites.

Des Volcans du Velay *et du gisement des substances volcanisées.*

Les montagnes volcaniques, ou plutôt volcanisées de la Haute-Loire courent de l'est à l'ouest; elles forment le tiers d'une ligne très-étendue, qui commence sur les bords du Rhône, par Rochemaure, Chénévary, Entraigues, Burzet et Montpezat, le Mezin, la partie sud-est de l'arrondissement du Puy, jusques aux bords de l'Allier; et de là, traversant l'arrondissement de Brioude, par Chanteuges, Lavoûte-Chilhac, jusqu'au Cantal, elle se prolonge jusqu'au Puy-de-Dôme. Cette ligne peut avoir de quarante à quarante-cinq lieues d'étendue (1).

Les divers amalgames de substances volcaniques sont la fusion de plusieurs corps hétérogènes; aussi, leurs couleurs et leurs détritus

____

(1) Voyez la Dissertation préliminaire et l'Itinéraire.

indiquent souvent une grande partie des matières qui sont entrées dans leurs compositions.

La lime du temps et l'effet des météores ayant dissout et pulvérisé toutes les surfaces qui se trouvaient exposées à leur contact et à leur intensité, ces substances sont entrées dans la composition des terres, en plus ou moins grande quantité, selon les lieux où elles ont été entraînées, les dépôts qu'elles ont formé et les circonstances qui les ont agrégées à d'autres matières.

Comme ce n'est pas la terre proprement dite qui nourrit les végétaux, qu'elle n'en est que le véhicule, il importe à l'agriculteur d'en étudier, d'en connaître la composition constitutive, son épaisseur, son adhérence ou sa friabilité ; le plus ou le moins d'abondance d'humus qu'elle possède, les bancs intermédiaires où elle est superposée, afin de leur adapter les grains et les légumes qui peuvent y prospérer, et pour y introduire les engrais ou les amendemens les plus utiles à l'intérêt des possesseurs.

On peut former deux grandes divisions des terres de la Haute-Loire, qui, à leur tour, peuvent éprouver plusieurs subdivisions.

Ce sont, d'abord, les terres granitiques ou graniteuses, et les terres volcanisées. Partout où les volcans n'ont pas agi, les terres se constituent des rochers primitifs ou secondaires, des sables, des argiles, des schistes, des glaises, des calcaires, etc., réunis à l'humus végétal, animal ou minéral.

Là où les volcans ont détruit ou changé l'état originel ou primitif de ces diverses substances, les combinaisons sont moins variées, mais leur pulvérulence et leur épaisseur influent beaucoup sur les végétaux qui s'y nourrissent, parce qu'elles s'imprègnent et se saturent avec facilité des sucs nutritifs, gazeux ou aériformes qui nagent dans le bas de l'atmosphère, et qu'elles sont aussi d'une grande avidité à s'amalgamer et à se combiner avec tout ce qui sert à ranimer la nature.

Partout où le détritus granitique domine, la végétation est faible, si l'humus végétal, les substances calcaires et les engrais industriels ne viennent à son secours. Il importe donc de connaître les parties constituantes des terres arables, afin de bien établir les assolemens; car, si un fermier ou un propriétaire rural n'agit que machinalement, et que, dans les terres qu'il exploite, il y ait diversité de *loams*, il ne peut adapter à tous ni les mêmes grains, ni les mêmes légumes, sans s'exposer à des chances contraires à ses intérêts. Par exemple : le domaine de Douhe, commune de Saint-Germain, canton du Puy, porte, à l'est, des terres tourbeuses; dans les prairies, des terres graniteuses jusqu'à demi-côte; au sud, au sud-ouest et sur son plateau supérieur, un détritus volcanique; au nord, un détritus argileux, et au nord-ouest, un détritus glaiseux; il possède les quatre expositions cardinales. Si le propriétaire ou le fermier semait, à l'est et sur la demi-côte, des fromens, sans doute il courrait le risque de n'en pas récolter beaucoup, ainsi que sur le plateau supérieur; tandis que dans la plaine de Saint-Germain, à l'exposition du sud, autour du manoir où le sol est plus profond et au bas de la partie du nord, le froment et le méteil peuvent y prospérer. Il en est de même de plusieurs grands domaines de cet arrondissement, dans le canton du Puy, dans l'Emblavès, à Saint-Paulien et à Loudes.

Cette observation est commune aux grands végétaux, soit pour former des vergers, des parcs, des forêts, etc.

Si, à une terre de peu de profondeur et à l'aspect du nord, on plantait des noyers et de grands arbres à racines pivotantes, sans doute on s'exposerait à ne pas réussir. Il en serait de même si, au sud et à l'ouest, dans un sol peu profond en terre végétale, on établissait des pins et des sapins pour former de hautes-futaies; les grands vents qui dominent ces expositions les abattraient facilement. Ainsi, en plantant, comme en cultivant, il importe aux propriétaires ruraux et aux fermiers d'étudier la nature des terres qu'ils exploitent; de ne pas employer la grande charrue, ou la charrue d'Alburnhot, à grande entrure, à double coutre, à versoir et à semoir, dans les terres peu profondes, où il y a des basaltes ou des laves cachés, et surtout dans un terrain en déclivité; comme aussi de ne pas passer le grand cylindre dans les terres casses, compactes, argileuses ou glaiseuses, parce qu'on risquerait de perdre la plus grande partie des semences, qui ne pourrait percer ni pénétrer une terre glutineuse par sa nature, et rendue encore plus tenace par l'application du cylindre.

Aux terres siliceuses et graveleuses il faut donc employer des engrais moelleux, tels que les excrémens de vaches et de cochons; mieux encore, y apporter de temps en temps des subsnances argileuses et tourbeuses qui, en adhérant les parties anguleuses, empêcheront la rapide vaporisation des eaux et conserveront aux végétaux l'humidité nécessaire à leur prospérité.

Dans les terres fortes et compactes, il faut, au contraire, donner des engrais chauds et peu consommés, tels que le crottin de cheval et de mouton, et, pour amendement, des décombres de bâtimens et des calcaires, comme les marnes, les plâtres, afin de leur procurer de la porosité et d'attirer les sels gazeux atmosphériques.

La surface du département de la Haute-Loire peut donc être divisée en plusieurs *loams*.

En *loams* granitique et volcanique : l'arrondissement du Puy et celui de Brioude en possédent une grande étendue; celui d'Yssingeaux n'ayant presque pas été atteint par les volcans, ses terres sont graniteuses, tourbeuses dans quelques bas-fonds, un peu schisteuses à l'extrémité du côté de Saint-Ferréol et aux environs de Bellecombe, et argileuses vers les cantons de Bas et de Monistrol. L'arrondissement du Puy, nommément le canton rural, réunit à son détritus volcanique beaucoup de détritus calcaire et argilo-calcaire, quelques glaises et beaucoup de profondeur dans son sol végétal; mais cette profondeur est variée et indéterminable dans le bas des coteaux, dans les vallées ou les bassins; c'est là où se récoltent les beaux fromens et les belles orges qui en font la richesse.

Le bassin de l'Emblavès, de Saint-Paulien et celui de Loudes possèdent aussi des terres profondes, où se trouvent ces divers amalgames.

Le canton de Saint-Julien-Chapteuil a quelques petites vallées d'une terre assez bonne; c'est un détritus volcanique et argilo-calcaire.

Il en est de même de celui de Solignac, où la culture du froment parcourt une moins grande étendue, parce qu'il est couvert, aux trois quarts, de substances volcaniques; mais comme ses vallées sont des alluvions ou le produit des avalaisons des terres élevées, charriées successivement par les inondations ou les pluies d'orages, la profondeur du sol végétal y donne de bonnes récoltes.

Le bassin de Paulhaguet et celui de Brioude

sont composés : le premier, de dépôts pulvérisés de substances volcaniques et argilo-calcaires , aussi produits des avalaisons; celui de Brioude, dans son canton, est un détritus granitique, et un dépôt ou alluvion de diverses substances que l'Allier y a amenées successivement; et dans le canton de Blesle, à l'extrémité ouest du département, les terres y sont un composé de substances volcaniques à son sud et à son nord-ouest ; à son nord, un détritus de fossiles (charbon de terre), de quelques substances calcaires brûlées, et de sable.

Chaque canton devrait donc donner l'esquisse ou le tableau de la nature de ses terres, de sa Géologie, c'est-à-dire, de la constitution des rochers qui le dominent, des rivières ou des torrens qui le sillonnent, de la profondeur du sol végétal, des vents les plus dangereux, afin de leur appliquer les végétaux qui peuvent le mieux y prospérer. Cette opération ne peut être faite que par des agronomes; par ceux qui, ayant acquis quelques principes, peuvent raisonner la science, en observant avec discernement et par comparaison, ce qui facilite d'autant plus cette étude qu'elle amène toujours à des résultats utiles.

Il importe donc aux agriculteurs aisés et aux grands propriétaires ruraux d'acquérir quelques connaissances géologiques : les premiers, s'ils sont fermiers, ne peuvent exploiter avec succès, sans connaître l'état des terres soumises à leur exploitation, leur profondeur, les bancs intermédiaires qui, quelquefois, les séparent du rocher primitif et du sol végétal ; ce qui, dans plusieurs vallées et coteaux de ces contrées, offre beaucoup de variations, à raison des localités volcanisées et de celles qui ne l'ont pas été, et qui peuvent se présenter dans une étendue très-circonscrite, car souvent les sommités ou les terres élevées d'une ferme ou d'un domaine sont constituées par un détritus volcanique, réuni à l'humus végétal ou aux engrais qu'on y transporte, ou à ceux que l'atmosphère y répand, tandis que les terres moyennes et basses, celles des coteaux ou des vallées sont le produit de dissolutions argileuses ou calcaires, selon les dépôts que les cataclysmes antérieurs aux dernières éruptions y auront jetés ; et si un fermier est intéressé à acquérir ces connaissances, pour ne pas s'exposer à de fausses spéculations, les propriétaires ruraux doivent aussi s'en pénétrer, pour l'amélioration de leurs terres et pour stipuler dans leurs baux toutes les clauses utiles et nécessaires à leur intérêt, tant pour soumettre les fermiers à faire des fosses d'empierrement dans les localités à aires planes, et sur lesquelles le séjour des eaux pluviales, des neiges et de la fonte des glaces peut nuire pendant nos longs hivers, que pour empêcher le ravinement des terres en pente, en les cernant par des fossés(1).

____

(1) Si les riches propriétaires suivaient l'exemple de M. le comte

A cette étude, absolument nécessaire, doivent se réunir quelques notions de l'atmosphère et des météores qui y paraissent et se reproduisent le plus fréquemment, ainsi que des phénomènes qui peuvent se montrer dans l'horizon (1), des rumbs ou vents les plus réguliers ou les plus dominans ; les périodes de leur retour ; leur influence sur la floraison et sur la maturité des céréales, des fruits et de toutes les plantes fourrageuses, oléagineuses et légumineuses, introduites en soles ou en cultures accidentelles et variables. Par exemple : si les vallées du canton du Puy, celles de l'Emblavès, de Solignac, de Bas et de Monistrol n'offrent pas une atmosphère aussi régulière que la grande vallée qui commence à Vieille-Brioude ou à la Bajasse, et ne se termine qu'en-delà de Coude, c'est parce

---

de Machecot qui consomme, pour l'amélioration de ses terres, une grande partie de ses revenus, et surveille en personne les travaux qu'il conçoit avec sagacité, et qu'il fait exécuter avec beaucoup de précision ; s'ils servaient come lui l'État, à la prospérité duquel il concourt puissamment, ils mériteraient la reconnaissance publique, par l'abondance qu'ils répandraient autour d'eux en employant des bras souvent oisifs et malheureux par l'égoïsme de certains hommes ou par leur indifférence pour le bien-être commun. M. Girard-Jandriac, qui se connaît en agriculture, m'a assuré que la terre d'Alleret, habitée par M. le comte *de Machecot*, était, de toutes celles qu'il avait vues dans ce département, la mieux exploitée dans son ensemble ; et c'est à l'intelligence et aux soins du propriétaire qu'est due sa fécondité et l'aisance qu'on aperçoit dans les habitans du voisinage.

Quand à un grand nom on réunit un mérite personnel, l'estime des contemporains devient alors un devoir et un stimulant pour les cœurs généreux.

(1) L'horizon est l'extrémité de toute l'étendue de terre que les yeux peuvent parcourir, en se tournant de tous les côtés du point où l'on se fixe ; c'est cette ligne circulaire qui a le ciel ou l'atmosphère pour limite.

que la chaîne immédiate qui couvre cette immense fissure de l'Allier, et qui s'étend du nord au nord-ouest, met toute cette partie à l'abri de l'intensité de ses vents, tandis que les parties de l'est, du sud et de l'ouest étant plus ouvertes, ceux venus de ces directions ont un plus libre accès et sont moins malfaisans

Les montagnes de la Margeride, au sud-est, celles du Puy-Grion, du Plomb, du Puy-Mari, du Puy-Morand, du Puy-Violan, du Puy-Lancé, du Cantal, du Mont-d'Or et du Puy-de-Dôme, au sud et au sud-ouest, étant plus éloignées, les cantons de Brioude, de Sainte-Florine, de Blesle et Saint-Ilpize, ainsi que tout ce qui est compris depuis l'embrasure de Paulhaguet jusqu'à l'extrémité du département, ayant des marées atmosphériques plus régulières et moins sujettes à la variation qu'elles éprouvent dans le reste de nos contrées, les récoltes y sont moins précaires, moins exposées à des chances désastreuses; et, si les subtances calcaires y étaient plus abondantes, ces terres ne le céderaient en rien aux plus fertiles de la Limagne.

On serait dans l'erreur si on se persuadait, d'après l'assertion de quelques naturalistes, que les terres provenues d'un détritus volcanique, et qui ont passé par l'épreuve des siècles, sont plus fécondes et conservent plus de chaleur que celles résultant de dissolutions quartzeuses, graniteuses et calcaires réunies.

Les terres volcanisées du Velay ne sont réellement fécondes que là où elles sont amalgamées avec beaucoup d'humus végétal ou minéral, c'est-à-dire, dans les vallées où les terres des localités élevées ont été déposées et entraînées par les orages ou par les inondations, ou bien lorsque les coteaux qui les dominent et qui leur sont immédiats sont établis sur des bancs calcaires ou argilo-calcaires peu profonds, ce qui donne l'humus minéral; et comme cet humus a le double avantage de tenir la terre pulvérulente et d'attirer tous les sels atmosphériques, réduits à l'état de gaz, avec lesquels il est extrêmement avide de se combiner, les végétaux croissant sur ce terrain s'en saturent avec d'autant plus d'avantage que leur végétation, pour ainsi dire luxurieuse, les fait résister aux gelées les plus intenses et aux sillonnemens ou aux ravinemens occasionnés par les pluies d'orage, parce qu'ils forment un grand empâtement par les racines, et un gazonnement continu.

Ce serait encore une erreur de penser que ces terres peuvent absorber et conserver la chaleur. Toutes les substances volcaniques ayant été dégagées d'une grande partie de leur calorique, par l'intensité des feux auxquels elles ont été soumises, elles se trouvent presque inertes, conséquemment plus froides; et quoique leur couleur brunâtre leur facilite davantage l'absorption des rayons solaires, il leur faut plus de temps pour s'en pénétrer, parce que leurs masses étant très-épaisses et très-denses, la chaleur s'insinue difficilement à une grande profondeur, tandis que les terres graniteuses, non-seulement conservent leur calorique naturel, mais, se trouvant plus anguleuses et moins pulvérulentes, les rayons du soleil s'y introduisent plus facilement; que d'ailleurs elles les réfléchissent mieux sur les végétaux qui sont à leur surface; et si les récoltes des céréales, et surtout celles des vins du royaume de Naples, de la Sicile et des îles de l'Archipel grec, là où les volcans ont agi, sont plus abondantes et les vins plus délicats, c'est moins par la grande chaleur qu'on éprouve dans ces contrées plus rapprochées de l'équateur, que parce que les terres provenues de détritus ou de dissolutions volcaniques en arrêtent l'intensité, en modifiant ou en tempérant leur action.

Quand on nous dit qu'à la région *del Cavallo*, sur la croupe de l'Etna, on voit un châtaignier d'un grand diamètre, et qui couvre par son ombrage une telle surface de terrain que cent cavaliers peuvent s'y abriter, c'est sans doute parce qu'il a pu rencontrer une grande profondeur de cendres volcaniques, dégagées du gluten propre à les adhérer, et un bon abri; qu'alors ses racines ont parcouru une grande étendue sans obstacles; d'ailleurs, cette région se trouvant presque toujours couverte de nuages, les feuilles de cet arbre énorme se saturent et absorbent tous les sels gazeux qui y vaguent; car il est reconnu que le châtaignier reçoit beaucoup plus de nourriture par les trachées ou les vaisseaux absorbans de ses feuilles, que par ses racines.

Au reste, j'ai parcouru le Vivarais et les Cevènes, et j'ai rencontré d'aussi beaux châtaigniers dans les localités graniteuses, là où le sol était profond et abondant en humus, que dans les parties volcanisées; tous les observateurs peuvent se convaincre de ce fait.

De la Géographie agricole, comparée à la Géographie sphérique.

La Société d'Agriculture, Histoire naturelle et Arts de Lyon, avait soumis à la discussion des agronomes la question de savoir *jusqu'à quel point il convient de propager dans nos climats la culture des arbres exotiques, sous le double rapport de l'utilité et de l'agrément.*

Dans un Mémoire que j'ai eu l'honneur d'adresser, sur ce sujet, à cette illustre Agrégation, je crois avoir démontré que la Géographie agricole n'étant pas en harmonie avec la Géographie sphérique, il importait d'expliquer la cause de cette dissidence.

La Géographie sphérique ou élémentaire ne donne au globe terrestre que trois zones ou climats : la zone torride ou chaude, qui com-

mence au 1.er degré de latitude (l'équateur)
jusqu'au 25.e ; la zone tempérée, qui embrasse
un plus grand espace, puisqu'elle part des tropiques jusqu'au 77.e degré (1), où commence
la zone froide ou glacée ; et parcourant le globe
dans toutes ses latitudes demi-circulaires, depuis
l'équateur jusqu'aux pôles, l'on établit et l'on
considère tous les degrés parallèles, ou les localités correspondantes, comme appartenant au
même climat.

La Géographie agricole, admettant beaucoup
plus de zones, elle ne doit pas se guider par le
point déterminé par les géographes, mais bien
par l'élévation ou l'abaissement de telles ou
telles contrées, leurs abris, leurs boisemens ou
leurs nudités, et la proximité des mers et des
grands fleuves.

Pour reconnaître la vérité de cette assertion,
on n'a qu'à jeter les yeux sur les cartes, soit
générales, soit particulières, topographiques ou
chorographiques, et l'on se convaincra aussitôt
que les Andes du Pérou, les Cordillières du
Brésil, les Montagnes de la Lune dans l'Abis-
sinie, le Gebel-Elhared dans l'Arabie-Heureuse,
l'Atlas dans la Barbarie, et le pic de Ténériffe

----

(1) Les géographes auraient dû déterminer à notre planète cinq
zones : la zone brûlante ou torride, qui comprendrait les dix
premiers degrés, à partir de l'écliptique ; la zone chaude, com-
mençant au 10.e et finissant au 25.e ; la zone tempérée, du 25.^e
au 44.e ; la zone moyenne ou tempérée variable, s'arrêtant là où
la culture des céréales n'est plus admissible, et la zone froide ou
glacée, embrassant tout l'espace compris dans les cercles polaires.

dans l'une des îles Canaries, que toutes ces hautes montagnes, qui sont ou entre les tropiques ou à leur proximité, donnent, à leur pied et aux abris, la canne à sucre, les cafiers, les poivriers, les muscadiers , les palmiers , les dattiers, les cotonniers en arbres , etc., tous intertropiquaux, tandis que, sur leurs croupes et à leurs pendans moyens, croissent les arbres et les plantes des régions tempérées; et sur les sommités abordables, et qui ne sont pas couvertes de neiges éternelles, on trouve les plantes alpines et les plantes du Nord, c'est-à-dire, celles qui croissent à la proximité des cercles polaires.

L'air, la chaleur, la lumière et l'humidité, voilà les quatre agens principaux dont se sert la nature pour vivifier ou modifier tous les êtres qui habitent notre planète; les autres ne sont que secondaires ou accessoires.

L'on serait dans l'erreur si l'on croyait que le rapprochement du soleil ou la perpendicularité de ses rayons est la seule cause de la chaleur qu'on éprouve sur tel ou tel point, plutôt que sur tel ou tel autre. Sans doute, tous les deux y coopèrent puissamment; mais c'est plutôt la cohésion des rayons solaires, leur réflexion, ou l'abaissement de certaines contrées et les abris où elles se trouvent, qui donnent cette chaleur ou excessive ou tempérée qu'on y éprouve; car, dans le cas contraire, toutes les hautes montagnes qui sont sous l'équateur ou entre les tropiques seraient inabordables, non pas à raison du froid qu'on y ressentirait, mais à cause de la chaleur.

Si la lumière n'agit pas immédiatement sur les embryons, sur les fœtus, les ovaires et sur tous les germes, elle coopère du moins à leur développement; et sa présence est d'autant plus nécessaire pour tout ce qui a vie, que tous les agens précités ne sauraient se passer de son concours. Si l'air qu'on respire sur les montagnes de moyenne hauteur est plus salubre pour les hommes et pour les animaux, c'est parce qu'il est plus pur et moins chargé de gaz acide carbonique, qui est plus abondant dans les vallées et sur les terres basses, en ce que, se trouvant le plus pesant des gaz, il nage dans le bas de l'atmosphère; mais aussi tous les végétaux qui se l'approprient avec avidité et qui s'en saturent sont bien plus vigoureux dans ces dernières localités que sur les hauteurs.

Que tous ceux qui s'occupent d'agriculture ou de végétation se pénètrent bien de cette vérité importante : Qu'il ne faut pas priver long-temps de la lumière les êtres vivans, comme ceux qui végètent, si on ne veut s'exposer à les voir tomber en langueur et périr.

Le stationnement des arbres étant moins tranché que celui des autres plantes, il importe aux propriétaires, et surtout à ceux qui s'occupent de l'exploitation de leurs terres, de savoir et de connaître jusqu'à quelle hauteur les uns et les autres peuvent gravir avec quelques succès, les obstacles qu'ils peuvent rencontrer par leur exposition, soit de la part des vents, soit des autres météores, de l'éloignement ou du rapprochement des lacs, des mares et des rivières, de la profondeur des vallées et des courans d'air, à raison des grêles, des orages et de la variation qu'y peut éprouver l'atmosphère.

Il est reconnu que plus les montagnes sont élevées, plus l'air ambiant y est rare et élastique, et qu'il agit immédiatement sur tous les êtres qui les habitent stationnairement ou temporairement; que les rayons solaires y passent à travers l'atmosphère, comme à travers des milliers de prismes; que n'y étant point ou peu réfléchis, ils ne peuvent donner la chaleur nécessaire, soit à l'accroissement des végétaux, soit à la maturité des grains et des fruits; que d'ailleurs, souvent enveloppées de nuages qu'elles fixent, elles entretiennent à leur voisinage ou de longs frimats, si elles sont à une certaine élévation, ou trop d'humidité.

Les montagnes qui cernent les 3/5.es de ce département, et qui courent depuis la Chaise-Dieu et Allègre jusqu'à Saint-Ferréol, du nord-ouest au nord-est, quoiqu'elles ne soient que du second ordre, n'en sont pas moins assez élevées pour procurer aux parties du centre et du nord une variation continuelle dans leur température;

et la partie du nord se trouvant ouverte et déboisée par le ravage affreux qu'a fait la coignée dans les forêts qui la couvraient naguère, il en résulte qu'aussitôt qu'il pleut, dans quelque saison que ce soit, le vent du nord se fait sentir avec intensité, n'étant point arrêté ni dévié, et que l'air atmosphérique passant brusquement, pendant la même journée, de la chaleur à la fraîcheur, si quelquefois il n'y gèle pas, tous les corps organisés qui l'habitent se trouvent dans un état continuel de dilatation et de contraction, ce qui influe beaucoup sur leur santé et sur leur vie.

Pour connaître et bien établir les zones ou régions agricoles de ce département, ce qui pourra servir à tous ceux qui lui sont limitrophes, il m'a paru nécessaire de les faire précéder d'un tableau topographique de leurs longitudes et de la hauteur métrique des montagnes qui les dominent. Ce tableau peut bien ne pas être d'une exactitude rigoureuse, l'ayant fait à bâtons rompus, mais j'en laisse le correctif aux physiciens et aux savans; tel qu'il est, il suffira pour connaître leur application,

Tableau des latitudes et des longitudes des contrées montagneuses de l'intérieur de la France.

Les calculs suivans seront réglés sur le moyen parallèle pris entre Rive-de-Gier et Lodève, 44^d 38^m 11^s en latitude . . . . 57.027 toises.
Le degré de longitude vaut. . . . . 40,720.

Mais ce calcul, établi sur le moyen parallèle, n'est pas assez rigoureux ; c'est pourquoi on emploiera, à cette recherche, les triangles sphériques. On peut aussi faire usage des latitudes croissantes, qui approchent beaucoup des triangles sphériques.

Ces calculs et ces connaissances sont d'autant plus nécessaires à un vrai agronome, qu'il ne doit se guider que par l'observation et la physique.

Distances de Clermont *à* Rive-de-Gier *, et de* Saint-Flour *à* Rive-de-Gier.

	LATITUDES.			LONGITUDES.		
Clermont....	45ᵈ·	46ᵐ·	44 ˢ· ——	0	45	2 E.
Rive-de-Gier.	45	32	35. ——	2	17	6.
Différence..	0	14	9. ——	1	32	4.
Saint-Flour..	45	1	53. ——	0	45	24.
Lodève......	43	43	47. ——	0	58	48.
Différence..	1	18	6. ——	0	13	24.
Rive-de-Gier.	45	32	35. ——	2	17	6.
Lodève......	43	43	48. ——	1	18	18.
Différence..	1	48	48. ——	1	18	18.

Élévation du Mont-d'Or, *du* Cantal, *du* Puy-de-Dôme, *du* Mezin *et du* Pila, *au-dessus de la* Méditerranée.

Le Mont-d'Or, le plus élevé, 970 toises ; le Cantal, 967 ; le Puy-de-Dôme, 753 ; le Mezin, 927 ; le Pila, 780.

Ce calcul est le relevé du compte rendu à

l'Institut par MM. Delambre et Mechin; mais il n'a de rapport qu'aux trois premières.

Les montagnes de l'intérieur de la France, dont la chaîne court depuis le Puy-de-Dôme jusqu'à Tarare, de l'ouest au nord-est, étant beaucoup plus élevées que celles du nord et nord-ouest, qui sont celles du Forêt et du Puy-de-Dôme par Ambert, et se trouvant presque déboisées, il en résulte pour cette région l'accès des vents du nord et du nord-ouest, ce qui devrait diriger les agronomes et guider les physiciens sur la connaissance et l'explication des fréquens phénomènes météorologiques et de l'intempérie qui règne dans ces contrées.

Cette chaîne, abritant les parties qui sont au sud-ouest, sud et sud-est, ces régions se ressentent moins de l'impétuosité et des ravages des vents précités.

Ce département peut être divisé en trois zones ou climats : la première, qui embrassera le bassin de la Loire, depuis Cussac jusqu'à Aurec, et celui de l'Allier, depuis Chanteuges jusqu'à Fugères, formera la zone tempérée. Cette zone pourra même s'étendre partout où la vigne et le maïs seront cultivés avec l'espérance et la certitude que leurs baies et leurs grains y mûriront annuellement, tout accident extraordinaire excepté.

La deuxième sera la zone moyenne ou la zone tempérée variable; non-seulement la vigne et le maïs ne pourront y prospérer, mais encore les arbres, tels que les pêchers, les abricotiers, les amandiers et beaucoup d'autres espèces n'y donneront jamais à leurs fruits la maturité nécessaire pour être mangés avec délices.

La troisième sera la zone froide, mais non glacée, car on ne doit appeler, en agriculture, zone glacée, que celle où la terre, se trouvant couverte de neiges éternelles, ne produit aucune végétation et ne possède stationnairement aucun être vivant.

Partout où la vigne et le maïs sont cultivés avec succès, on ne doit pas craindre d'y planter l'amandier, l'abricotier et le pêcher greffés, ainsi que beaucoup de plantes du bassin de la Méditerranée, telles que les melongènes ou aubergines, les poivrons, les melons, presque toutes les cucurbitacées, etc.; mais s'il y a variation dans l'atmosphère, irrégularité dans l'ordre des saisons du printemps et de l'automne, qui souvent arrêtent la végétation et trompent l'espoir des propriétaires, on sera obligé d'extirper une partie des vignes et d'en circonscrire la culture à quelques abris, ainsi que celle des pêchers greffés, des abricotiers et des amandiers, qui exigent de la chaleur et une température égale, surtout lors de leur floraison.

Il n'en sera pas de même à l'égard des poiriers, des pommiers, des cerisiers, des noyers et pruniers; ceux-ci ne redoutant pas autant les frimats, ne se trouvant pas aussi précoces dans leur floraison, et ayant le tissu organique moins délicat, ils résistent mieux aux gelées tardives du printemps ; aussi ces arbres, plantés sur les coteaux du nord de cette région, y donnent des produits plus constans et plus assurés que ceux qui sont au fond des vallées et aux expositions du sud. C'est donc dans cette première zone que le froment, la vigne et divers fruits du midi peuvent être cultivés ; c'est à l'observateur à essayer de multiplier ses jouissances, en y introduisant, avec prudence et discernement, de nouvelles espèces.

Le froment, ainsi que les derniers arbres précédemment désignés, peuvent occuper une partie de la deuxième région, dans les localités où la terre végétale aura une certaine profondeur, qu'elle sera formée d'un *loam* calcaire ou argilo-calcaire, et que quelques montagnes les abriteront contre l'intensité du vent du nord.

On exclura rigoureusement de cette zone la culture de la vigne, celle du maïs, des pêchers, abricotiers, amandiers et de toutes les espèces auxquelles il faut une chaleur graduelle et une température invariable, c'est-à-dire, que lorsqu'on sera parvenu au milieu du mois d'avril, on n'aura plus à craindre ni neige ni frimats, jusqu'en fin octobre, ce qu'on voit rarement dans cette région et même dans la précédente ; car depuis l'abatis immodéré des forêts du Velay, on n'y a plus éprouvé ni stabilité dans l'ordre des saisons, ni régularité dans l'atmosphère.

La troisième région, dite froide, comprend toutes les hauteurs qui sont au-dessus de six cents toises d'élévation perpendiculaire du niveau de la Méditerranée, et dont les sommités sont couvertes de neige pendant sept à huit mois de l'année; là, on ne récolte quelques seigles, quelques avoines et blés trémois, qu'en s'exposant à beaucoup de chances; mais celles qui sont gazonnées offrent de très-bons pâturages, et les espèces ovines s'y engraissent facilement.

Beaucoup d'espèces d'arbres peuvent y prospérer; et si la majeure partie des sommités de ce département est déboisée, c'est par la faute des autorités locales, qui ont vu abattre les forêts qui les couvraient, sans avoir pris aucun moyen coërcitif pour l'empêcher, et qui, même à présent, les laissent défricher sans obstacle, ce qui facilite les avalaisons et les déblais des terres pendant les orages, qui y sont fréquens.

Non-seulement les arbres résineux y croîtraient avec succès, mais même quantité de ceux à feuilles caduques, tels que l'érable champêtre (dit *vasabre* de montagne), l'érable sycomore (dit *blaye*), le sorbier des oiseleurs, le bouleau, le peuplier-tremble, le hêtre ou fayard, le frêne commun, le mélèze; et sur les bords des eaux, dans les localités les plus élevées, les aulnes (*vernes* ou *vergnes*), les peupliers noirs et blancs et les saules.

Il y a sur la sommité de la forêt de Bauzon, du côté de Saint - Cirgue, des aliziers, mais leurs fruits y mûrissent rarement. Je pense même qu'ils y ont été transplantés, parce qu'il m'a paru impossible qu'ils y aient fleuri pleinement.

Dans le milieu du village de la Narce, sur la route du Puy à Marseille, on voit un alizier de quatorze pouces au moins de diamètre, d'une belle tige et bien coiffé ; ce village est à-peu-près à cinq cents toises d'élévation perpendiculaire des bords du Rhône.

Si donc le bassin du Puy, qui est à environ trois cents toises de hauteur verticale du port de Marseille, et cerné par de hautes montagnes, surtout dans ses parties de l'ouest, sud-ouest, sud et sud-est, tandis qu'il est presqu'à découvert des côtés du nord, nord-ouest et nord-est, ne peut être compris dans sa latitude vraie, sa latitude agricole doit être alors déterminée d'après son élévation, toutes les circonstances qui le privent d'abris mettant sa culture au parallèle des pays beaucoup plus reculés vers le nord.

Si Auxerre et Orléans, qui sont au 47.ᵉ degré 54 minutes de latitude septentrionale, jouissent d'une température plus égale que le Velay, et que le raisin y acquière plus de maturité vinaire (1),

____

(1) Les œnologues reconnaissent deux maturités dans le raisin : la maturité vinaire et la maturité botanique. Dans le chapitre *Œnologie*, j'expliquerai leur différence.

et les fruits plus de saveur et plus d'arôme, il faudra nécessairement encore reculer la situation parallèle, et la comparer avec des pays plus au nord.

En me portant sur Reims et sur Mayence, qui sont à-peu-près à la même latitude du 49 au 50.ᵉ degré, je trouve encore que les vins du Rhin et ceux de la Champagne offrent plus d'avantage que les nôtres; donc la latitude vraie et les degrés parallèles établis par les géographes ne doivent point être les mêmes que ceux qui doivent guider les géopones, pour les diverses cultures.

J'ai vu des hommes superficiels, et toujours empressés de contredire ce que souvent ils n'entendent pas, soutenir, avec une espèce de persuasion, qu'une cause générale avait influé sur la variation qu'éprouve depuis plusieurs années notre atmosphère ; et même des personnes ayant des connaissances acquises, faisant *chorus* avec le vulgaire, se sont prévenues que la nature avait éprouvé quelques modifications dans sa marche ordinaire, surtout dans notre systême planétaire, et que l'ordre des saisons en avait souffert; alors la superstition s'emparant des imaginations faibles et de l'ignorance du peuple, facile à se persuader tout ce qui lui paraît extraordinaire, il en est résulté qu'on a donné du merveilleux à ce qui n'est que dans l'ordre physique. Les traditions nous apprennent qu'il

pas pratiqué; et cette sole, qui peut durer trois ans, n'est pas généralement conçue. La culture du maïs et de la betterave pourrait être introduite avec succès dans la région tempérée et dans les vallons abrités où la vigne est cultivée; car c'est le maïs qui devient l'indicateur de la température, et là où ce graminée ne peut mûrir annuellement, on doit renoncer à la culture de la vigne.

Plusieurs variétés de froment peuvent gravir jusqu'au milieu de la région moyenne, semés en automne ou au printemps, mais elles exigent des terres fortes et moites. Leur ensemencement ne demande pas, comme le seigle, l'essorement de la terre, ni sa pulvérisation; au contraire, ils germent mieux pendant la mouillure. C'est sur ces terres où le plâtre peut être employé avec succès, soit que la charrue ou l'araire à grande entrure ait pénétré trop avant, soit que, par l'état de la saison ou de l'atmosphère, les mottes n'aient point été rompues; mais il ne faut pas en faire un usage annuel, car il finirait par effriter le sol. Dans les terres siliceuses et légères, on ne doit amender par le plâtre qu'une fois pendant douze années, encore faut-il le faire avec beaucoup de réserve, le semer toujours à la volée et sur les plantes fourrageuses ou légumineuses, parce que ce calcaire a la faculté, non-seulement d'attirer à la surface les sels intérieurs, pour se combiner avec eux, mais même ceux qui nagent au bas de l'atmosphère, réduits à l'état de gaz; de là vient que dans le Dauphiné on stipule, dans les baux à ferme, qu'on ne pourra plâtrer les terres qu'une seule fois pendant le cours d'un bail de six ou de neuf ans; et c'est la province où l'on entend le mieux ce mode d'engrais et d'amendement.

On pourrait introduire avec succès dans le fond de nos vallées, aux abris ou au bas des coteaux, là où la terre est forte, profonde et formée d'un détritus ou d'un mélange de substances graniteuses ou volcanisées avec des calcaires et argilo-calcaires, le froment appelé *touzelle* dans le midi. A la faculté de donner une bonne farine, il réunit celle de tenir fortement dans sa balle. Si on parvenait à l'acclimater, je pense qu'il pourrait établir un excellent méteil, parce que, ne s'élevant pas bien haut, il se trouverait protégé par les seigles, lors de la floraison, et serait moins sujet à la carie.

J'en ai vu de très-beau, récolté à près de cent toises au-dessus du vallon du Puy. On ne doit pas le confondre avec l'épeautre *(triticum spelta)*, quoiqu'il lui ressemble beaucoup. La culture de ce dernier pourrait aussi être introduite dans nos vallées.

La fève de marais *(vicia faba major)* pourrait aussi être semée avec avantage dans nos terres basses et tourbeuses, et sur le bas des coteaux. Cette sole amenderait d'autant plus la terre, qu'ayant une forte racine pivotante, en la cueillant on faciliterait l'intromission des gaz en donnant de la porosité à la terre. Sa fane et sa tige fistuleuse étant brûlées, les cendres qui en proviennent fournissent un bon engrais.

Quoiqu'elle soit appelée fève de marais, parce qu'elle est plus cultivée dans les jardins maraichers et par tables, pour manger en vert, qu'en pleins champs, il ne faut pas croire pour cela qu'elle préfère les terres marécageuses. S'il lui faut une terre substantielle et profonde, une terre éveuse ne lui convient pas.

Aucune fève ne peut passer l'hiver en pleine terre dans nos climats; elles entrent toutes dans les légumes marsais.

Je l'ai vue cultivée en grand dans le bassin de la Méditerranée, où on l'écosse avant d'être sèche, et dont on enlève la cuticule ou l'épiderme, au lieu de la faire gruer ou friser, comme on le fait de la moyenne oblongue. On en fait d'excellente purée et des ragoûts délicats.

Les pois chiches, pois pointus (Sèze du midi), (*cicer sativum*), ne sont pas assez répandus, et même ils ne sont presque pas cultivés. Cette sole n'effrite pas la terre; on peut les semer dans les terrains les moins abondans en sels. Leurs balles et leurs tiges sont mangées par les espèces ovines. Leur cuisson n'est pas difficile, à moins qu'on les fasse cuire dans une eau crue et pesante. On doit toujours les mettre à l'eau froide et non dans l'eau bouillante, comme je l'ai vu pratiquer. Si on veut s'en servir en potage, on doit les changer d'eau, pour atténuer leur acerbité. Ils sont rarement attaqués par les charençons; leur goût sauvage ne convient pas à ces coléoptères. Ce légume, extrêmement nourrissant, est contraire aux estomacs débiles.

L'orge commune, orge carrée, escourgeon *(hordeum vulgari)*; quoique déjà fort connue, sa culture n'est pas encore assez étendue.

Il ne faut pas s'imaginer que les blés trémois et tous les produits des semences marsaises puissent supporter la comparaison avec les produits de celles qui ont passé l'hiver sur terre. Ces derniers sont bien mieux nourris, plus abondans et plus beaux, sous tous les rapports, parce que les premiers ne pouvant parcourir toutes les phases de leur végétation, les dangers qu'ils courent dans nos climats rigoureux obligent à retarder jusqu'au printemps l'ensemencement de plusieurs espèces.

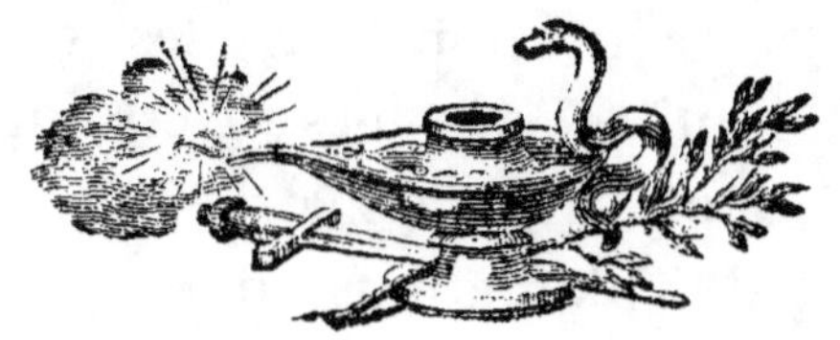

PLANTATIONS.

A entendre le vulgaire, il n'y a rien de si facile que de faire une plantation; mais la difficulté se trouve dans la réussite.

En général, on croit que, pour planter, il suffit de faire des trous, arracher des arbres dans les pépinières, ou les acheter dans les marchés, sans en connaître ni la qualité ni les espèces; excorier, casser, taillader les racines; faire des torses, les ficher en terre, piétiner tout autour pour les assujétir, et puis les abandonner à la garde de Dieu. C'est ainsi que raisonnent certains planteurs et beaucoup de jardiniers routiniers. Souvent le bas prix fait préférer des sujets venus de drageons, dans les vignes ou ailleurs; et pourvu qu'ils présentent une belle tige, il importe peu qu'ils aient des racines et du chevelu, parce que, disent les manouvriers ignorans soumis aux préjugés de l'habitude, il faut amputer toutes les barbes ou les racines subalternes pour qu'il en pousse de nouvelles, les vieilles leur paraissant inutiles; dès-lors, c'est un bâton et non un arbre qu'ils plantent.

Il en est des plantations comme de la taille: si l'on établit un verger, on confond les espèces, sans discernement et sans autre attention que de former des allées ou des quinconces. Dans les jardins fruitiers, on taille les quenouilles en buisson, les gobelets symétriquement, ainsi que les espaliers et contr'espaliers. Dans les uns, on met du chiffonnage ; dans les autres, on tâche de les bien arrondir, de les assujétir à des cercles ou à des éclisses, et on s'applique à former les espaliers en ailes de papillons ou en éventails.

Qu'un amateur instruit parcoure ces jardins, il verra le Bon-Chrétien, la Virgouleuse, les Épines taillés comme les Beurrés, les Doyennés et la Louise-Bonne ; il en sera de même des arbres à noyaux.

Rien de plus imprudent que d'assujétir les pruniers et les cerisiers aux tonnelles ou à l'espalier. Les uns et les autres, extrêmement rebelles à la taille et à la gêne, s'épuisent par le drageonnement, c'est-à-dire, en poussant des rejetons par les racines, alors, ils infestent tout un jardin ; ou la gomme les gagne en faisant extravaser la sève ; ou les gourmands les emportent, surtout les pruniers. Dans ce dernier cas, il faut sans cesse amputer.

On plante ces arbres en allées, espacés au moins de douze à quinze pieds ; il faut qu'ils soient francs, c'est-à-dire, venus de noyaux ou de pepins ; et qu'en les déplaçant, soit des pépinières, soit d'ailleurs, on ait la précaution de les enlever avec autant de racines et de chevelu qu'il sera possible. Il vaudrait encore mieux les semer et les greffer sur place.

On croit retarder sa jouissance par cette méthode, on se trompe. Pendant l'intervalle de l'accroissement, on forme des plate-bandes garnies de légumes, avec la précaution de laisser un espace suffisant aux jeunes arbres pour prendre leur subsistance et recevoir les influences de la lumière, de l'air et de la chaleur.

Les arbres venus par noyaux s'établissent des racines pivotantes, inébranlables à l'agitation des vents. Il peut arriver que les deux premières années de leur transplantation soient pénibles, mais aussitôt qu'ils auront pris de la consistance, ils pousseront avec une telle force qu'on en sera surpris. Ils n'auront à éprouver ni la chance de l'acclimatation, ni le changement d'orient, ni enfin la dangereuse opération de l'amputation des racines ou de leur excoriation. Ceci n'est relatif qu'aux jardins fruitiers ou aux endroits clos, dans lesquels les bestiaux ne peuvent causer des dégâts.

J'ai dit précédemment qu'il ne saurait y avoir de règle, ni de méthode générale en agriculture; que l'une et l'autre doivent être relatives aux climats et aux constitutions des terres.

Ici, on greffe habituellement en écusson ou en fente; là, en flûte ou en sifflet; ailleurs, par approche ou en coin, etc.; cela dépend de la méthode usuelle et de l'instruction de ceux qui opèrent.

Dans les pays où les terres sont casses, argileuses ou glutineuses, on se sert, pour les travaux des jardins potagers, du trident, de préférence à la bêche, parce que ce premier instrument emmottit moins les terres et les divise mieux; que, d'ailleurs, s'il rencontre des cailloux, il glisse à côté. La bêche est préférable pour les *loams* formés de détritus granitique, dans lesquels il y a peu de pierres; et si le sol est en déclivité, elle ramène plus facilement la terre de bas en haut.

Dans les terres graveleuses ou siliceuses, on doit faire usage de la grande houe (dite *feçou*), au lieu de la houe large (dite *eyssade*) ou de la pioche, par la raison que cet instrument, par sa longueur, sa force et son arète, étant emmanché court, il s'use moins et facilite les tranchées.

On peut planter partout, excepté là où la terre est couverte de neiges permanentes, et dans les climats brûlans, dépourvus de rivières et de sources, et où des amoncèlemens de sables détruisent ou s'opposent à toute végétation.

Chaque pays possède ses arbres indigènes, la nature prévoyante y a semé ou y a fait transporter par les eaux, par les vents, par les quadrupèdes, par les oiseaux, par les insectes ailés, les germes nécessaires à ses besoins; et l'homme, à qui par prédilection elle a inspiré tant de passions diverses, remplissant ses vues, a franchi des distances immenses pour y transplanter de nouveaux êtres qui, quoique formés pour d'autres zones, parviennent à l'acclimatation, en modifiant leurs facultés (1).

Quand la nature opère, les siècles n'étant qu'un point pour elle, son ouvrage est plus lent à se former, mais il est de plus longue durée (2).

Les graines ailées, apportées par les vents ou par les oiseaux, si elles rencontrent dans les lieux où elles forment leur premier stationnement tous les moyens nécessaires pour s'établir, elles s'y arrêtent; dans le cas contraire, ou elles périssent, ou bien elles profitent de la première occasion pour aller plus loin. Si la terre où elles s'arrêtent a peu de profondeur ou peu de suc, elles poussent lentement et ne prennent jamais de grandes dimensions; mais elles servent à augmenter graduellement la couche de terre végétale, soit par leurs débris, la dissolution de leurs feuilles, leur aspiration des sels aériformes, soit par les facultés qu'elles ont de saisir au passage les molécules terreuses que les vents entraînent.

____

(1) Dans la nature, il est quantité d'êtres qui peuvent s'acclimater dans une région qui ne leur est pas propre et ne pas s'y naturaliser. On acclimate beaucoup de plantes et d'arbres exotiques, qui ne donnent point de graines; c'est ce qui a obligé l'homme à leur procurer une nouvelle manière de se reproduire par la greffe, les marcottes ou par les boutures.

On appelle *naturalisation*, l'état de tout végétal qui se reproduit spontanément.

(2) On voit, sans doute, que je suis obligé de me conformer à quelques préjugés vulgaires; car, abstraitement parlant, le temps n'ayant ni commencement ni fin, il ne peut avoir de points intermédiaires.

Mais l'homme, dont l'existence n'est qu'un passage rapide et qui fait encore tous ses efforts pour l'abréger, avide de jouissances, a trouvé les moyens de forcer la nature à satisfaire ses goûts, soit en contrariant sa marche, soit en hâtant ses développemens ; ainsi, tantôt il pénètre dans les entrailles de la terre, gravit les montagnes les plus escarpées, s'enfonce dans les climats les plus âpres ou les plus brûlans ; tantôt il franchit les fleuves et les mers, et quelquefois il sonde ou se précipite dans ses profonds abîmes, pour en explorer les secrets.

Pour planter avec avantage, il faut d'abord se former un plan fixe, et ne pas se laisser guider par le hasard ou par la routine.

Celui qui veut établir un jardin fruitier, s'il a des facultés pécuniaires, doit faire défoncer le sol à ce destiné, à trois pieds de profondeur dans toute son étendue, ou à deux pieds au moins, si des rochers, un banc de cailloux, un banc calcaire ou un obstacle quelconque s'y opposent.

Si des ronces, des traînasses, des chiendents ou toute autre plante parasite se sont emparés du terrain, il faut les extraire jusqu'aux dernières racines, particulièrement les traînasses et les chiendents, qui se reproduisent de leurs plus minces débris.

Le terrain effondré et les couches de terres inférieures ramenées à la surface pour en détruire la crudité, on y semera, pendant la première année, des pommes de terre ou quelqu'autre plante annuelle pivotante. Dans le mois de septembre suivant, à des distances déterminées selon le plan qu'on s'est fait, on ouvrira des fosses de deux pieds de profondeur sur trois en carré; l'on se transportera dans les pépinières, où on marquera les arbres; et dans le mois de février ou au commencement de mars suivant (l'état de la saison doit guider pour le choix) après avoir fait enlever avec précaution tous les sujets, avoir remarqué exactement l'orient et la profondeur qu'ils avaient dans la pépinière, tranché franc tous les bouts des racines déchirés ou excoriés, on les posera un à un au milieu des trous, après avoir étendu la terre émiettée sur les racines, qui seront divisées et placées avec soin, surtout les barbes ou le chevelu; quand les arbres seront recouverts jusqu'à une certaine hauteur du sol ordinaire, on donnera un copieux arrosement; après quoi on jetera de la terre par-dessus, qu'on talussera au pied des tiges, laquelle terre s'affaissera au moins d'un pouce par pied; mais avant l'arrosement, il sera posé contre chacun des arbres un tuteur ou piquet, pour empêcher que la plantation ne soit ébranlée par les vents des équinoxes ou par les orages.

Il en sera de même pour les vergers, avec la différence que les fosses seront au moins de quatre pieds en carré, et de deux à trois de profondeur. Il n'est pas de jardinier pépiniériste, tailleur d'arbres et planteur tant soit peu ins- truit qui ne soient convaincus que tous les fruits produits sur telle nature de terrain, et à telle ou telle exposition, ne reçoivent des modi- fications dans leurs dimensions respectives, plus ou moins de mucozosucré et d'arôme, et ne soient plus ou moins fondans, pierreux ou pâteux. On sait, par exemple, et l'expérience doit l'indiquer, que tous les arbres de fruits à noyaux comme à pepins, exposés au levant inclinant au midi, et couverts par des abris naturels ou industriels, ou adossés à des murs, sont beaucoup plus gros et d'un goût plus exquis que ceux plantés sur toutes les autres exposi- tions, toutes proportions de l'épaisseur du sol végétal égales.

Dans nos régions montagneuses, et dans la partie tempérée du centre de la France, l'expo- sition du levant inclinant au midi, pour les fruits à couteaux, ainsi que pour les raisins, les autres baies, grains, etc., est la meilleure, par la raison que recevant le soleil plus matin, diurnalement et dans toutes les saisons, l'absence de ses rayons, de sa chaleur et de son influence n'est pas aussi longue; que, d'ailleurs, les gelées tardives ou hâtives, les bruines et les impressions des vents du nord-est, nord plein et nord-ouest n'y sont pas aussi sensibles, puisque c'est de l'atteinte de ces vents qu'il faudrait chercher à les préserver;

car ce sont eux qui influent le plus sur la fécondation des fleurs ou sur leur avortement, sur la
noûure des fruits, leur vérosité, leur accroissement, leur maturité et leur saveur.

C'est aussi l'unique exposition des pêchers et
des abricotiers ; mais dans toutes les parties
montagneuses du centre, où la vigne peut mûrir
annuellement ses baies, toutes les espèces de
pêchers greffés, même les pavies, qui sont les
moins délicates, doivent être adossées à des murs
et abritées, ou par une toiture de bâtimens, ou
par un large rebord en pierres ou en planches,
auquel on puisse adapter des paillassons pour
les garantir des gelées tardives du printemps
ou des bruines froides, lors de la floraison.

Les terres graniteuses, un peu chargées de
substances calcaires, si elles sont profondes,
produisent des fruits, surtout des pêches, beaucoup plus exquis que dans tous les autres *loams*,
parce que, comme je l'ai déjà dit dans la partie
géologique, les débris ou détritus quartzeux et
granitiques réfléchissent mieux la chaleur et la
conservent davantage, étant plus anguleux et
plus poreux que les détritus volcaniques, qui
sont plus inertes et plus dégagés de calorique.
Aussi voit-on tous les fruits qui arrivent au Puy,
soit de l'Emblavès, soit des bords de la Loire,
de Chamalières ou de Retournac, même ceux
de Durianc et de Peyredeire, d'une toute autre
apparence et d'une toute autre saveur que ceux

cueillis dans les terrains volcaniques. Il en est de même dans les cantons de Langeac et dans toute la vallée de Brioude, sur les coteaux de l'Allier, depuis la Bajasse jusqu'à Coude. Deux petits vignobles du canton du Puy démontreront la vérité de ce que j'avance : Duriane ou plutôt le fond de Baubas, sur les bords de la Loire, la demi-coupe ou coteau du Chayla et quelques vignes de Peyredeire, toujours le long du fleuve, possèdent des pêchers, des cerisiers et des arbres à pepins, de la même espèce que ceux qui sont sur les coteaux de la Borne et sur ceux de la Loire, depuis la vallée de Brive jusqu'à Cussac ; il se trouve dans ces dernières parties des abris, des expositions aussi bien marqués que dans les premiers, et néanmoins les vins comme les fruits qu'on récolte annuellement dans les premiers vignobles sont toujours plus mûrs, plus délicats et bien préférables.

Cependant le sol, qui est un détritus granitique, a peu de profondeur ; tandis que Chausson, Montgiraud, Bas-Charnier, le Pont-de-Borne, la Croix-de-la-Paille, les Estreys, le Monteil, Sainte - Lucie, Douhe, Magniore, Jandriac, Charenthus, etc., possèdent au bas des coteaux une grande profondeur de sol végétal, où se trouve beaucoup de détritus calcaire, ce qui forme le *loam* le plus fécond ; mais cette fécondité, tout en donnant de grosses dimensions, ne donne ni le mucozosucré ni l'arôme.

Si donc on veut établir une plantation en verger ou en jardin, non-seulement on aura égard aux qualités des terres, à la profondeur du sol végétal, mais surtout aux expositions et aux abris.

Les arbres à pepins, les pommiers et beaucoup de poiriers, tels que le Bon - Chrétien d'hiver, le Colmar, le Saint-Germain, la Virgouleuse, la Royale d'hiver, la Bergamotte de pâques, le Messire-Jean, le Martin-Sec, le Bezi, la Crassane, la Verte-Longue, le Doyenné, la Magdeleine et la Dauphine, peuvent être exposés au couchant ou au nord, même supporter le plein-vent, parce qu'alors, fleurissant plus tard que sur les expositions de l'est et du sud, ils sont moins exposés aux gelées tardives. Aussi, les vergers plantés au couchant ou au nord, jusqu'à la hauteur où ils peuvent végéter et mûrir leurs fruits, sont bien plus féconds et ne courent pas de chances aussi précaires que dans les expositions du midi.

Le pêcher, l'abricotier et le cerisier greffés, le Bon-Chrétien d'été, la Poire-d'Or, l'Ambrette, le Milan-de-la-Beuvrière ou Beurré-de-Milan, l'Épine d'été, le Beurré-Gris, etc., exigent des expositions plus chaudes, surtout celles où le soleil les frappe plus long-temps, et où la chaleur est réfléchie, ou par la terre, ou par les montagnes qui les abritent et qui leur sont immédiates.

Je déclare que je ne suis point le partisan des plantations faites pendant l'automne, à moins que les creux ou fosses n'aient été préparés trois mois auparavant; que le propriétaire ne possède à peu d'éloignement les arbres à planter, et qu'il ne surveille lui-même leur enlèvement, ce qui doit être fait avec la plus grande précaution, afin de leur laisser autant de chevelu qu'il sera possible.

Au mois de février ou de mars, lorsque la terre sortie des fosses aura été préparée par l'hiver, non-seulement elle sera pulvérulente, mais encore elle sera saturée de sels; la sève des arbres fermentera; la reprise alors deviendra infaillible.

Les marchands d'arbres, les pépiniéristes ne conseillent les plantations d'automne que pour avoir la facilité des débits et de l'arrachage, afin de pouvoir travailler le terrain pendant l'hiver; mais qu'un propriétaire essaie les deux méthodes, l'une de planter dans l'avent et l'autre en février ou en mars, avec les mêmes précautions, dès-lors l'on connaîtra l'avantage de la dernière.

Il n'en est pas de même des plantations forestières, parce que la dépense absorberait deux fois la valeur du sol. Cependant, dans les terres qu'on destinera pour être mises en forêts, on pratiquera, à la charrue, de grands sillons, dans lesquels il faudra semer les graines des essences dont on veut les établir; mais il conviendra de planter de distance en distance, pour protéger les semis, divers arbres de rapide venue, tels que le bouleau (dit *bez*), le peuplier tremble (dit *tremble*), l'érable champêtre (dit *vasabre*), etc.

Les plantations de pins, surtout du pin sylvestre (pin des montagnes), sont trop multipliées. Les propriétaires s'en abstiendraient, s'ils savaient que cette essence étouffe toutes les autres, par la facilité qu'elle a de se reproduire, de se grouper, et que ses sucs résineux nuisent aussi à tous les arbres qui végètent dans le voisinage.

Si la vigne et le maïs sont les indicateurs de la région tempérée, le mûrier blanc *(morus alba)* et le châtaignier commun *(castanea sativa)* devraient y être cultivés; ils le seraient avec succès.

Ce mûrier peut parcourir avec avantage tout le bassin de la Loire, depuis Chadron jusqu'à Aurec, ainsi que toutes les fissures des rivières qui s'y jettent. Il en serait de même dans le bassin de l'Allier, depuis Saint-Haond jusqu'à l'extrémité du département.

Plus le mûrier s'éloigne des pays chauds, s'il peut supporter le climat, plus sa feuille est délicate; elle ne prend pas les mêmes dimensions que dans la Provence ou dans le Languedoc, mais elle est moins nerveuse, et son parenchyme est plus soyeux.

Il ne faudrait point greffer la variété dont la feuille en cœur est presque sans lobes; il n'y a que celle qui est laciniée ou en feuilles d'Aubépine qui devrait être soumise à cette opération, parce qu'elle est plus coriace, plus petite et moins nourrissante; d'ailleurs, si la greffe bonifie l'espèce, elle hâte aussi le développement, et la rend plus sensible et plus attaquable par le froid. Il vaudrait encore mieux ne pas greffer du tout, mais seulement faire un choix dans les semis des sujets ayant la feuille large ou la moins lobée.

Si, dans ces climats, la pousse est plus tardive et plus lente, la graine doit suivre cette marche.

Il n'y a qu'un danger à courir : c'est celui de trop mutiler les branches par l'arrachage des feuilles, et d'obliger à les élaguer de manière à leur faire pousser trop de bourgeons, qui peuvent être enlevés par les gelées prématurées de l'automne, avant leur aoûtement.

Le châtaignier peut être cultivé avec succès dans toutes les expositions méridionales de la première région; il réunit à la bonne qualité de de son fruit l'utilité de son bois, propre à la charpente et à faire des tonneaux. Mis en taillis, abattu en coupes réglées de quatre à cinq ans, ses jets peuvent faire de bons cerceaux.

Dans la région moyenne, on pourra introduire avec avantage le mélèze d'Europe *(larix Europæa)*, le cèdre du Liban *(pinus cedrus)*, le genevrier-cèdre de Virginie *(juniperus Virginiana)*, déjà acclimatés; presque tous les arbres du Canada, dont la nomenclature serait trop étendue; le pin, le pin de Corse *(laricio)*, celui du lord Weymouth et le pin du Nord, qui peut parcourir toute la zone froide.

Le merisier, l'alizier commun ou torminal *(cratægus torminalis)* séparent la région moyenne de la région froide ; on peut s'en servir comme de régulateurs. L'alizier peut bien croître et même acquérir de grandes dimensions dans la zone froide, comme je l'ai déjà démontré par celui qui est au milieu du village de la Narce (sur les hautes montagnes de l'Ardèche), mais il ne s'y reproduira pas spontanément, c'est-à-dire, qu'il n'y mûrira pas ses graines.

Le torier, sorbier des oiseleurs *(sorbus aucuparia)*, est le seul arbre à fruit qui fleurisse et mûrisse ses baies jusqu'à six ou sept cents toises environ de hauteur verticale de la mer Méditerranée.

Je suis surpris que les propriétaires dont les terres bordent les chemins publics, dans nos vallées et sur les coteaux, jusqu'à une hauteur déterminée, n'aient pas conçu l'idée de planter, sur leurs berges, des noyers ou des pommiers à cidre, au lieu d'ormeaux, de tilleuls, de sycomores ou de peupliers d'Italie. Ceux qui ont voyagé sur la rive droite du Rhône, dans l'Auvergne, dans la Normandie, la Picardie et dans presque tout le nord de la France, savent l'utilité qu'on retire de ces arbres, sous tous les rapports.

Les fruits servent à faire des huiles ou du

cidre, et les bois sont précieux pour la charpente, la menuiserie et l'ébénisterie.

Le pommier à cidre, le rambour, etc., sont inattaquables par les maraudeurs, parce qu'ils rebutent par leur acerbité; les noix peuvent, à la vérité, devenir la proie ou l'objet de convoitise de quelques passans, mais on les soigne à l'approche de leur maturité; et puis, les voyageurs s'accoutument à les voir sans y toucher, comme dans les lieux où ces arbres bordent les chemins; d'ailleurs, quand ils sont mis en grande culture, les propriétaires n'y font pas plus d'attention qu'on ne le fait des châtaigniers du Vivarais, des Cevènes et du Limousin.

Les ormeaux, les sycomores, les frênes, les chênes et les bouleaux doivent être relégués dans la région où les pommiers, les châtaigniers et les noyers ne peuvent être cultivés; mais il ne faut pas les introduire dans les meilleures terres. Leur ombrage, pour l'utilité des voyageurs, n'est pas à comparer à celui des noyers, qui prennent autant de dimension et dont le feuillage est plus touffu.

Des plantes fourrageuses, oléifères, tinctoriales et officinales.

LES plantes fourrageuses ne sont pas assez répandues dans les trois zones, ni assez variées. Le ray-grass, le trèfle à moutons, le thimothi anglais, la fétuque ovine, etc., ne sont pas cultivés en massifs, et ils devraient l'être.

On n'y fait pas usage de la betterave, qui est une excellente racine pour la nourriture de l'homme et pour les bestiaux; elle bonifie le lait des bêtes à cornes et les engraisse rapidement lorsqu'on la distribue avec discernement, c'est-à-dire, qu'on alterne l'ordinaire en interposant d'autres fourrages. Cette culture, qui est facile et de la plus grande utilité, devrait y être propagée et faite en grand; ce serait une bonne sole pour les terres fortes et profondes; elle peut être admise dans les deux premières régions.

Elle a cet avantage sur la rave, qu'elle se conserve plus long-temps sans se détériorer et sans perdre ses facultés aqueuses ni son mucozo-sucré; mais en la dégageant de sa fane, après sa récolte, il importe de l'enfouir en pleine terre proche des bâtimens, en pratiquant des fosses longues et profondes, comme on le fait pour les carottes-pastenades, et les recouvrant avec de la paille et la terre qu'on a tirée des creux.

La fane se mange en vert comme celle de la rave, mélangée avec de la paille d'orge ou d'avoine; mais on la donne pure pendant toute l'arrière-saison de l'automne, dans les momens où l'on trait.

On découvre les fosses par un bout, d'où on les sort à mesure des besoins. On doit, autant que possible, distribuer ce légume de manière à ce qu'il puisse durer jusqu'au printemps, et à l'époque où les bestiaux peuvent aller pacager l'herbe nouvelle. Cela est d'autant plus important, que la transition subite du régime aqueux à celui qui est sec ou qui se réduit aux foins, aux pailles et à ce qu'on appelle pâture, peut occasionner bien de maladies , ainsi qu'on le verra dans l'article *Art vétérinaire.*

La betterave devient aussi une bonne sole , parce qu'exigeant une terre engraissée ou amendée par des fumiers, sa culture nécessitant le sarclage des herbes, et son arrachage soulevant ou ramenant le terrain de bas en haut, dans une grande profondeur, elle la prépare pour une orgière, un froment ou un méteil.

Le chou colza est le seul qui puisse réussir avec avantage dans la zone moyenne; à son produit oléagineux il réunit une bonne nourriture pour les abeilles, par l'extraction du suc de ses fleurs, et ses débris forment un engrais.

La violette de la région froide, où elle se récolte abondamment, sert à la teinture. Le pied de chat, la lavande, le serpolet, le thym et une quantité de plantes aromatiques et médicinales peuvent fournir les pharmacies.

Le pastel, plus connu sous le nom de guède *(isatis tinctoria)*, le saffran du Comtat-Venaissin et du Gâtinois *(crocus sativus)*, ainsi que la garance *(rubia tinctorium)* croîtront avec succès dans la région tempérée; leur culture est facile, mais toutes les terres ne leur conviennent pas.

Plus elles sont profondes et pourvues de sels, plus les produits seront abondans. Plusieurs personnes ont récolté de la belle garance dans le bassin du Puy, entr'autres M. Dessaignes oncle, à son enclos des Jacobins, et M. Alphonse Badon, dans celui des Chartreux. Son introduction et sa culture peuvent devenir fort avantageuses par ses facultés tinctoriales; ses tiges, d'ailleurs, donnent un bon fourrage.

Toutes les plantes potagères des climats tempérés, excepté les melons, les pastèques et les aubergines, qui sont du bassin de la Méditerranée, seront excellentes dans la première zone.

Ces trois dernières espèces ne peuvent être cultivées que par des amateurs riches, dans des couches, des baches ou sous des cloches; car si elles n'arrivent pas à maturité avant la fin d'août, elles ne seront plus mangeables, parce qu'elles n'auront ni saveur ni muqueux doux. Ce n'est point en raccourcissant continuellement leurs filandres ou leurs tiges qu'on parviendra à les faire grossir. On peut pincer ou tordre leurs extrémités, mais il ne faut jamais les taillader ni leur enlever leurs feuilles. Si elles donnent une trop grande quantité de melons, pastèques ou aubergines, il faudra faire un choix de ceux qui présentent la plus belle venue; quand ils seront de la grosseur d'un œuf, dans la proportion et selon la vigueur de la plante, on soustraira les surnuméraires, en les pinçant ou en les tordant.

Comme ces plantes grasses et fistuleuses exigent de fréquens arrosemens, ceux qui les cultiveront auront toujours une certaine quantité d'eau exposée, dans des bannes ou dans des bassins, à l'ardeur du soleil, au moins pendant deux jours. On ne doit pas cependant les trop arroser dans ces climats moins chauds que ceux du midi, parce qu'ils seraient d'une fadeur rebutante.

Toutes les cucurbitacées ne peuvent prospérer dans ces pays montagneux qu'avec beaucoup de soins journaliers et du discernement, c'est-à-dire, les melons, pastèques, potirons, giraumonts, courges de Naples et gourdes. A l'égard des courges-calebasses, celles qui sont indigènes et cultivées par les maraichers n'exigent d'autres soins que d'être semées dans un terrain bas et facile à arroser.

Beaucoup de plantes officinales et médicinales peuvent être admises dans les vallées comme sur les hauteurs alpines de tous les pays contenus dans un espace de quarante à quarante-cinq lieues, c'est-à-dire, depuis le Puy-de-Dôme jusqu'au mont Pyla.

Si quelque naturaliste ou amateur d'histoire naturelle, et surtout de botanique indigène, ou habitant de ces contrées, recevait l'heureuse inspiration de faire la Flore de ces montagnes, en classant les genres et les espèces, il rendrait un grand service à ses compatriotes, particulièrement aux générations qui vont se succéder.

Il serait nécessaire qu'il démontrât l'utilité et l'usage de chacune; surtout qu'il indiquât celles qui se trouvent abondantes dans nos pacages et qui peuvent compromettre l'existence des bêtes cabalines.

Si nos hivers n'étaient pas aussi longs; si les animaux domestiques ruminans et herbivores étaient dans les fermes en proportion des provisions pour les nourrir; s'ils n'étaient pas réduits, pendant les mois de fevrier, de mars et d'avril, à la nourriture sèche, arrivés aux pacages aussitôt que l'herbe a pointé, ils ne seraient pas aussi avides des plantes nouvelles, ce qui souvent les fait périr, parce qu'ils dépassent le discernement que la nature leur a donné de ne point manger ce qui peut leur être nuisible.

Souvent même les agriculteurs, ignorant les qualités malfaisantes de certaines plantes, les ramassent eux‑mêmes pour les leur donner à l'étable. Il importerait donc de signaler celles qui sont les plus communes et qui s'introduisent dans nos prairies.

Je me fais un devoir d'en désigner quelques‑unes qui se trouvent dans nos contrées, particulièrement dans les vallées où l'on fait pacager les vaches et les moutons pendant une partie de l'hiver. Leurs noms vulgaires n'étant pas les mêmes partout, j'ai cru pouvoir me dispenser de les donner, ce qui ne ferait que rendre leur signalement plus difficile, parce que j'aurais pu

les appliquer à une autre localité que celle qui
les dénomme ainsi. Je les indique sous leur
nom botanique, en invitant les personnes de
chaque canton, qui les reconnaîtront, à les
désigner d'après l'application du dialecte local.

*Plantes malfaisantes ou nuisibles aux animaux
domestiques.*

Aconit, deux espèces : le Tue-loup *(Aconitum
licoctonum)* et le Napel *(Aconitum napellus)*.

Le grand Plantin d'eau : il est connu.

La grande Absinthe *(Artemisia Absinchium)* :
elle se trouve dans les prairies sèches et sur les berges des chemins; on en voit beaucoup dans les bois
taillis. Il faut l'extirper partout où on la trouve.

L'Apocin gigantesque *(Asclepias gigantea)* :
il n'est pas bien commun.

Le Chenopode rouge *(Chenopodium rubrum)* :
cette plante est généralement connue, parce
qu'elle est rebutée par les bêtes à cornes comme
par les ovines; mais les ramasseurs d'herbes,
pendant le printemps, peuvent la mêler avec
des orties ou autres plantes, pour donner à
l'étable. Il faut donc la détruire, et faire attention de ne pas l'introduire dans les crèches,
parce que, quoique les animaux la connaissent
par instinct, s'ils sont affamés, ils peuvent la
manger.

Toutes les Ciguës, mais plus particulièrement
la Ciguë aquatique , qui est plus commune
(Cicuta virosa).

La petite Ciguë des jardins : celle-là ne s'élève pas haut; à peine est-elle parvenue à huit ou dix pouces , qu'elle fleurit , pour se reproduire immédiatement. Elle s'introduit abondamment dans les jardins potagers secs et surtout dans les planches de cerfeuil, avec lequel on la confond. Comme elle est plus barbue et inodore, qui que ce soit peut facilement la distinguer; on n'a qu'à la montrer une fois, pour qu'on ne puisse la méconnaître. Ayant la racine pivotante, elle s'arrache facilement. Aussitôt qu'on la voit paraître, il faut l'extirper, parce qu'elle se reproduit rapidement, même avec profusion. Pour être plus à portée de la découvrir, au lieu de semer le massif, on semera en sillons de six pouces de distance ; cette méthode, qui est la meilleure, facilitera les sarclages.

Deux Prêles : celle des champs (*Equisetum arvense*) et celle des marais (*Equisetum palustre*).

L'Épurge, plus connue sous le nom d'Euphorbe (*Euphorbia lathyris*).

La Gratiole (*Gratiola officinalis*).

Les deux Ellébores : le noir, dit d'*Embroche*, et le puant, dit *Varayre*; ils sont connus.

La Jusquiame noire (*Hyusciamus niger*); la Pédiculaire des marais (*Pedicularis palustris*); la crête de coq des prés (*Rinanthus crista galli*); les Patiences et les Ivraies, Tarte noire des champs et des prés ; la Morelle grimpante et la Morelle douce amère.

Quoique la plupart de ces plantes soient utiles pour la médécine humaine, comme pour la médecine vétérinaire, lorsqu'on les a réduites, par la décomposition, à leurs facultés utiles, ou bien lorsqu'on les a mélangées avec d'autres herbes ou avec des drogues qui atténuent leur venin, il ne faut pas moins les empêcher de se reproduire trop abondamment, et les reléguer dans des lieux isolés ou inaccessibles aux animaux domestiques.

Il y a encore beaucoup d'autres plantes sinon malfaisantes du moins parasites et inutiles à nos besoins, ou dont on ne connaît pas encore les propriétés : celui qui fera la Flore du pays établira leur stationnement et leurs rapports connus. Je crois avoir signalé celles qui me paraissaient les plus nuisibles et les plus communes.

Note des plantes fourrageuses les plus utiles à notre agriculture, et qu'on doit s'empresser de propager, ainsi que des plantes tuberculeuses et bulbeuses.

Le Chou-Rave *(Brassica rapa)* : sa culture est connue, puisque déjà elle est introduite dans nos vallées, mais elle n'est pas encore assez étendue. Elle peut parcourir toute la région moyenne, et il lui faut une terre plus profonde qu'à la rave commune du pays. Ce chou ne diffère de la rave qu'en ce qu'il peut être transplanté au plantoir ou en sillons, lorsque le plant est jeune. Sa fane, comme sa racine, sont des alimens sains, nourrissans, et donnent du bon lait; la racine peut aussi servir à la cuisine et remplacer les navets.

Le gros Navet *(Brassica napus)* : il peut parcourir toute la zone du Chou-Rave, mais il doit être semé, à la volée, dans les terres fortes et profondes. Il peut servir de sole dans la région moyenne; dans les vallées, il forme la seconde récolte, en le semant sur le chaume, comme la rave et les fourrages; les vaches le mangent avec avidité. Cette nourriture, en les engraissant, leur donne du lait; mais il faut être modéré dans sa distribution, surtout envers les vaches de travail ou envers celles qu'on veut garder pour produire des veaux; car si elles s'engraissaient trop, il faudrait les vendre. Au reste, en les soumettant à un travail journalier, on peut les garantir de prendre trop d'embonpoint.

Le Sainfoin *(Hedysarum onobrichis)* n'est pas assez cultivé ni assez répandu, parce qu'il est peu connu; nos agriculteurs le confondent avec la Luzerne *(Medicago sativa)*; il faut à l'un et à l'autre une terre profonde et substantielle. C'est une sole de trois ans, après lesquels il faut rompre ce fourrage, en pratiquant des tranchées ouvertes de vive jauge, et le bien fumer; aussi, lorsqu'après on lui a substitué ou des pommes de terre ou des lentilles, et que la terre ramenée de bas en haut a perdu sa crudité et s'est saturée de sels gazeux, on peut y récolter deux pailles successives, c'est-à-dire, du froment ou du méteil, et de l'orge ou de l'avoine.

Engrais et amendemens.

On peut avancer, avec la certitude de n'être pas démenti ni même contrarié, que les habitans du Velay ignorent absolument la méthode des compost, et que les fumiers qu'ils emploient pour engraisser les terres en exploitation n'étant ni bien mélangés avec les pailles, les chaumes, les balles de grains ou les fougères qui ont servi de litière, ni sortis à propos des étables, et souvent emportés dans les champs avant d'avoir subi la moindre fermentation, il en résulte une déperdition considérable de sels.

Invétérées dans une funeste routine, il est reconnu que, depuis bien des siècles, les générations qui se sont succédées n'ont fait aucun progrès dans les divers modes d'engraisser ou d'amender les terres effritées par des récoltes successives; à cet égard, nous sommes encore bien en arrière de nos voisins.

A mesure qu'on cure les étables (ce qui ne se fait sur ces montagnes que deux ou trois fois pendant l'année), si on transporte les fumiers dans les champs, on les y laisse en tas pendant plusieurs mois, sans les étendre ni sans les couvrir; plus souvent, on les amoncèle dans les basse-cours ou sur les rues, et on ne s'en sert que lorsqu'ils ont été à moitié délayés par les pluies. Si les étables y sont malsaines , si les hommes et les bestiaux, qui les habitent journ-nellement et y couchent pendant toute l'année, y contractent des maladies, c'est d'abord par le vice de leurs constructions, par le mélange inconsi-déré de diverses espèces animales, par la mal-propreté ou par la négligence des cultivateurs à les nettoyer, à les aérer et à donner plus de litière.

Par le vice de construction : parce qu'elles y sont trop basses, sans courant d'air , ne recevant le jour que par la porte d'entrée ou par quel-ques trous qu'on tient souvent bouchés. Pavées à plat, l'aire est sans moyens d'écoulement ; les hommes et les bestiaux qui y sont encombrés, surtout pendant nos longs hivers , aspirent le méphitisme qui s'exale des excrémens, des urines et des débris des herbes ou des fourrages en putréfaction. A défaut d'issue et de renouvelle-ment, l'air ambiant s'y corrompt, s'y délétère; des fièvres malignes pour les hommes qui les habitent, des épizooties pour les animaux sont le résultat de la négligence ou de l'impéritie.

Qu'on recommande à nos cultivateurs de les nettoyer hebdomadairement, d'en enlever exac-tement les fumiers, d'en extraire les bêtes ma-lades, ou de séparer les moutons, les cochons, les chevaux, les poulins, les mules, les bêtes à cornes, la volaille, ils répondront que leurs aïeux, qui ont suivi ce systême de vie ont sans doute vécu heureux, et qu'ils veulent les imiter.

On est bien convaincu que les crèches et les râteliers des bœufs et vaches ne peuvent convenir aux chevaux, mules et poulains, parce qu'ils sont trop bas; que le même pavé ne leur convient pas non plus, en ce que ces derniers ont le train de derrière plus élevé que les premiers.

Ont sait aussi que les cochons, vaguant dans les étables, les ont bientôt mises sens dessus dessous; que les moutons, par leur haleine, la chaleur et l'odeur du suint qui s'exhale de leurs toisons, hâtent la corruption de l'air; qu'il faut à ceux-ci des bergeries aérées, vastes et sèches. Cependant, on rencontre toutes ces diverses espèces mêlées avec les hommes.

Si quelqu'un, quelle que soit son autorité, ses connaissances et la considération dont il jouit, démontrait à nos agriculteurs, avec la conviction de la vérité, les dangers qu'on court en laissant les fumiers tassés dans les étables et foulés continuellement par les animaux qui sont obligés de se coucher dessus, ils répondraient avec assurance et avec une intime persuasion, que leur fermentation concourt à échauffer le local, et que la variété ou la multiplicité de bêtes réunies dans ces lieux infects sont, au contraire, utiles à la santé.

Avoir moins de bétail et le mieux soigner, voilà le seul moyen de prospérer. Que la nourriture soit toujours saine et dans la même proportion, mais un peu plus forte pour les bêtes destinées aux travaux journaliers; qu'on ne soit pas obligé, par le trop grand nombre, de réduire les rations quand, aux approches du printemps, les neiges et les froids tardifs empêchent de mener aux pacages, ou que l'herbe n'a point encore poussé ; alors on agira pertinemment dans son intérêt bien entendu, car il vaut mieux avoir des fourrages de reste que d'en manquer.

Pour obtenir quelques succès certains, il faut circonscrire, je le répète, l'étendue et la quantité des terres arables, et mieux travailler celles qu'on destine à la culture annuelle, parce que les jachères sont plus funestes qu'utiles, en ce qu'elles occupent, par le grand espace qu'on met en valeur, un trop grand nombre d'hommes et de bestiaux, seulement par la distance qu'on doit parcourir ou par la difficulté des lieux.

Tout propriétaire agriculteur qui désirera procurer aux terres qu'il exploite le plus haut période de fécondité, suivant la région où il se trouve, doit suivre la méthode suivante :

D'abord, bien choisir et circonscrire ses terres arables, en les proportionnant au nombre des bras à employer, à la quantité de bétail à nourrir avec avantage par les divers fourrages dont les récoltes sont assurées ; se fixer un mode d'assolement invariable sur cinq ou six cultures en rotation continuelle, puis diviser le défoncement du sol végétal en dix parties égales, toujours proportionnellement aux ouvriers résidant proche du domaine.

Établir ce défoncement successif par billons, c'est-à-dire, sur une largeur déterminée de six, huit ou dix pieds, dans toute la longueur de la pièce. On commencera par fumer la surface avec un engrais pailleux, quel qu'il soit; on ouvrira une tranchée de vive jauge, de quinze à dix-huit pouces (la profondeur du sol végétal doit guider sur cela), et on ramenera la terre de bas en haut. Cette opération ne doit commencer qu'entour la Saint-Martin, après que toutes les semences hivernales ont été faites, et pendant le temps qu'on appelle la morte - saison. En recouvrant les tranchées ouvertes par la terre sortie successivement des fosses nouvelles, on interposera le fumier déjà apporté, à quatre ou cinq pouces de la surface extérieure, en formant les billons en talus ou dos d'âne, de manière que le milieu soit bombé et donne une inclinaison de chaque côté. Si les neiges ou les frimats interrompent l'ouvrage, on le continuera en janvier, février ou mars, selon que l'état de la saison le permettra. On poursuivra cette opération sur le domaine jusqu'à ce qu'on l'aura tout parcouru; puis on la reprendra à l'endroit où l'on avait commencé.

Pendant la première année du défoncement, on y semera des pommes de terre ou des légumes à racines pivotantes, pour rompre la crudité du terrain et le rendre poreux, afin de le laisser se saturer des gaz atmosphériques, en lui facilitant l'introduction de la chaleur ou de la gelée, qui le rendront plus friable.

Si le sol est siliceux, les billons ne seront que de six pieds, et le talus moins exhaussé; si, au contraire, il est substantiel et compacte, on leur donnera de dix à douze pieds de largeur, en élevant autant que possible le dos d'âne.

Les billons sont ce que nos agriculteurs appellent *Tauwène*, c'est-à-dire, des portions égales qu'on coupe par un sillon plus profond. C'est encore une imparfaite imitation de la méthode des billons que les Romains ou les Sarrasins avaient introduite dans les Gaules, mais dont l'usage s'est relâché comme celui de bien d'autres choses utiles.

Ces parcelles de terrain établies ainsi présentent l'avantage d'assainir le sol, en facilitant l'écoulement des eaux, procurant à la terre l'introduction des gaz et des météores, et donnant aux propriétaires les moyens de sarcler plus commodément. Ce mode rend encore la moisson plus facile et plus régulière.

Les terres entraînées graduellement vers les parties inclinées se cultivent par leur déplacement, en devenant plus friables, et si elles doivent être ramenées à la forme qui leur était donnée, elles forment amendement.

J'ai vu cette méthode des billons suivie dans les provinces les mieux cultivées de la France; l'Angleterre, l'Allemagne et les Pays-Bas s'en servent avec succès. J'ai observé et calculé ses effets physiques; j'ai cru devoir y réunir le mode des tranchées, ainsi que celui du défoncement graduel et périodique; en cela, je me suis convaincu de son utilité.

J'ai pensé que toute théorie basée sur des raisons physiques devait être admise avec empressement, et qu'on ne pouvait rendre à son pays un plus grand service que de la faire connaître.

L'expérience m'a appris, et diverses observations m'ont confirmé, que les fumiers provenus des animaux ruminans, sortis des étables pour être transportés de suite dans les terres, ayant peu ou point de litière, étaient moins actifs que ceux qui avaient été mélangés avec les excrémens des autres espèces animales, ou qui avaient subi quelque fermentation par l'amalgame des substances mises en dissolution, mais que leurs effets étaient plus durables lorsqu'on les étendait de suite, et qu'on les couvrait par un labour, pour empêcher les sels de se vaporiser par la chaleur lorsqu'ils sont déposés pendant l'été, et par les gelées intenses pendant l'hiver. Ceci a besoin d'explication.

Les fientes nouvelles des ruminans, portées

dans les champs et couvertes immédiatement,
opèrent une fermentation avec la terre qui leur
est superposée, laquelle se sature de sels dissous
et réduits à l'état de gaz ; et comme cette fermentation n'agit que lentement, par l'amalgame
de la terre, ses effets se font plus ressentir à la
deuxième récolte qu'à la première, pendant
laquelle ils n'ont pu être entièrement absorbés,
n'ayant pas obtenu une dissolution complète.
Comme aussi il est rare de trouver dans nos
étables ces fumiers sans mélange, il vaut encore
mieux les déposer sous des hangars ou dans des
fosses, pour en faire des compost avec les résidus
du vanage, des balayures, des balles de diverses
graminées ou d'autres substances animales, végé-
tales, minérales et terreuses.

Dans les pays où il y a des vacheries, comme
dans le Cantal, il est impossible de donner des
litières à la grande quantité de vaches réunies
dans les vastes pacages, et ces vacheries, d'une
grande étendue, ont besoin d'être dégagées chaque
jour des excrémens ; alors ces fumiers, s'ils sont
déposés dans des fosses ou sous des hangars,
peuvent être amalgamés avec de la terre, des
tourbes ou des mottes, pour en augmenter le
volume.

Cet engrais serait d'une telle importance
que, plein de sels produits par une infinité de
végétaux mangés en vert et ayant passé par
le quadruple alambic des quatre estomacs des

ruminans (1) , il doublerait les récoltes des terres où il aurait été déposé. Cela ne peut être applicable qu'aux grands domaines où les pailles manquent pour faire litière.

On peut se convaincre des effets produits par les excrémens des bœufs et des vaches répandus immédiatement après leur issue, surtout à l'époque où ils pacagent, par l'aspect et la place des *bouziers* dans les champs ou dans les prairies. On sait qu'ils se dessèchent avant d'entrer en dissolution, à moins qu'ils ne soient délavés subitement par les pluies d'orage.

Leurs urines sont encore plus efficaces; et si notre climat permettait le parcage des bêtes à cornes, comme celui des moutons, je n'hésiterais pas à le conseiller pour les vaches laitières seulement. Les composts, c'est-à-dire, le mélange de diverses substances avec les excrémens et les urines, dissous par la fermentation, sont préférables, parce qu'ils servent à doubler, même à

---

(1) Les animaux ruminans ont quatre estomacs : le premier est le rumin, qui ne sert que d'entrepôt aux divers alimens.

Le deuxième est le feuillet, petit estomac composé de réseaux et feuillets superposés les uns aux autres, et qui sert à la digestion des alimens déjà ruminés ou remâchés, c'est-à-dire, revenus de la panse à la bouche, où ils ont subi l'acte de la rumination.

Le troisième est le bonnet, autre petit estomac, mais plus grand que le précédent, qui digère immédiatement ce qui a été déposé dans le feuillet, composé d'alvéoles comme les rayons de cire à miel.

Le quatrième est la caillette, plus grand encore que le précédent, d'une forme conique, recevant les alimens qui ont été élaborés par les autres estomacs, et c'est là où se fait la chylification ou la séparation du chyle d'avec la partie excrémentielle.

Ces quatre estomacs correspondent les uns avec les autres par la gouttière œsophagienne.

tripler le volume des fumiers ; mais il faudrait en avoir de trop grandes quantités pour les répandre purs, ce qui ne peut arriver sur nos montagnes, où les engrais ne sont jamais en proportion de nos terres en culture.

Après avoir démontré, dans un article précédent, le danger auquel on s'expose par l'abus qu'on pourrait faire du plâtre et de toute substance gypseuse et séléniteuse (2), en les répandant sans proportion et sans discernement, il faut que je déduise les raisons qui doivent motiver mon opinion.

Les plâtres, gypses ou sulfate de chaux, qu'il ne faut pas confondre avec les autres substances calcaires, telles que les marnes, les craies, les marbres, la chaux, les divers coquillages non entièrement dissous, etc., agissent sur les terres de trois manières : physiquement, chimiquement et mécaniquement.

Tout le monde connaît l'avidité de ce calcaire, lorsqu'il a subi l'action du feu, de se saturer de fluide et de se combiner avec d'autres substances, pour se cristalliser ; l'on sait aussi avec quelle rapidité il se durcit, s'adhère et fait corps.

Il agit physiquement, lorsque ses molécules

---

(1) Sélénite, substance formée par l'union de l'acide vitriolique avec une terre calcaire homogène. Les familles des testacées qui forment les plâtres et les gypses en sont imprégnées.

Les légumes ne cuisent pas à l'eau qui en est chargée ou saturée ; cette eau est même nuisible aux hommes et aux animaux qui la boivent. Elle porte souvent une substance lapidifique et concrète qui peut devenir funeste.

sont bien divisées et semées avec discrétion, par leur solubilité et leurs facultés miscibles, mais il faut qu'une sage économie et beaucoup d'intelligence président à leur distribution; car, répandues inconsidérément sans proportion sur tous les sols, elles causeraient l'appauvrissement ou l'effritement des terres sablonneuses, tandis qu'elles seraient un puissant amendement pour les terres fortes et substantielles.

En général, tous les calcaires entrent, comme principes constituans, dans les corps organisés, mais encore faut-il savoir distinguer ceux qui se trouvent mélangés avec d'autres substances, leur degré de force, de solubilité ou de causticité.

Chimiquement, en attirant à la surface de la terre les gaz et les sels intérieurs avec lesquels il cherche à se réunir, ainsi qu'avec ceux qui sont au bas de l'atmosphère, agités par les courans d'air et par les marées aériennes, en saturant les plantes de sucs nutritifs avec lesquels il a formé un amalgame fluide.

Mécaniquement, en décomposant la terre où il est semé, en la tenant dans un état complet de pulvérulence et de porosité jusqu'à son entière absorption par les végétaux; répandu avec trop d'affluence, particulièrement sur les trèfles, les luzernes et autres fourrages destinés à être mangés en vert, il peut procurer l'issue de divers aphtes dans la bouche des animaux qui s'en sont nourris, des concrétions, des obstructions dans l'estomac et les autres viscères ; quelquefois la mort.

Presque tout le canton du Puy, si on en excepte certaines parties des communes de Saint-Germain-Laprade, du Monteil, de Duriane et de Chaspignac , possède une quantité immense de substances calcaires et argilo-calcaires, ou marnes argileuses.

On peut s'en convaincre par le tableau que j'en ai donné dans mon Introduction prélimi-naire, et dans l'Itinéraire qui suit l'Ouvrage et que j'ai mis, par *adenda*, pour l'utilité des savans et des amateurs en histoire naturelle.

Si des terres labourables, destinées pour des céréales, des prairies artificielles ou pour des plantes bulbeuses et légumineuses, sont assises sur des bancs calcaires ou gypseux, il faut de temps à autre (une fois tous les dix ans), les faire défoncer à tranchées ouvertes de douze à quinze pouces de profondeur; si, au contraire, ces bancs sont argilo-calcaires, comme ceux de Chausson , de Baubas, de Charensac, de Poli-gnac, etc., il faut être très-circonspect dans ce travail, parce que les marnes argileuses, au lieu d'être utiles aux terres fortes et compactes, leur sont au contraire nuisibles, ne tendant qu'à achever de les agglutiner ; elles ne peuvent servir qu'aux terres graveleuses et siliceuses, pour arrêter la rapide vaporisation des eaux pluviales. Cette marne, qui se trouve dans les vignobles précités, peu fournie en calcaire (un huitième au plus), n'a pas besoin d'être triturée et pulvérisée pour être mise en action; on peut la transporter en masse, la déposer en tas, ou la jeter en petits blocs dans les champs; elle se dissout à l'air et à la pluie.

Cette matière qui recouvre tous les bancs de gypse, et qui indique la présence de ce minéral, ne vaut pas celle superposée aux masses de chaux, qui sont nombreuses autour du Puy. On peut s'en convaincre par la fertilité des terres qui les couvrent; donc, la prétendue découverte de la marne argileuse, déjà faite par les naturalistes qui ont visité nos contrées ou par les aborigènes instruits et amateurs en histoire naturelle, ne peut avoir d'autre utilité que celle d'éveiller l'attention des propriétaires, pour en faire l'application à propos.

Les engrais naturels sont ceux qui résultent de la chute des feuilles, de leur dissolution, et de celle de tous les végétaux; des débris des arbres et des plantes qui, par leur vétusté et l'action des météores, se décomposant, servent d'abris et de protecteurs aux graines ailées, ainsi qu'aux différens germes, et facilitent leur développement à la vie. Ils augmentent aussi graduellenent la couche de terre végétale, nourrissent toutes les plantes qui sont à leur voisinage, et celles-ci, à leur tour, font subsister les animaux sauvages, comme ceux que les hommes y mènent pacager.

Des Animaux domestiques utiles et nécessaires à notre agriculture.

Il y a dans ce département deux races de vaches : l'une, petite, faible, d'un grand appétit et d'un difficile engrais ; l'autre, appelée vulgairement *Valadière*, qui, si elle était bien nourrie et bien soignée dans son premier âge, serait préférable à la plus grande espèce ; elle est non-seulement très-abondante en lait, facile à dompter, mais encore elle s'engraisse rapidement. On la trouve en quantité dans les environs du Puy, et plus particulièrement dans le village de Vals, d'où elle tire son nom. Cette race se trouve aussi dans les cantons de Fay-le-Froid et du Monastier. D'une belle forme, les individus sont presque tous de trois couleurs : ou roux ou marron-clair, alors on les nomme *Rouges* ou *Fromentes;* ou d'un châtain-cendré, alors on les désigne sous le nom de *Blanches.*

On devrait exclure la première espèce, pour ne conserver que celle-ci. Les bœufs de cette race ne grossissent pas beaucoup, mais ils n'en sont pas moins forts, et leur panse est plutôt remplie ; ils s'accommodent de tout fourrage. Cette race a un avantage sur toutes celles qui sont sur nos montagnes, c'est celui de la docilité ; les enfans les mènent aux pacages , les femmes ou les hommes, indifféremment, leur mettent le joug, les attèlent et les conduisent.

Les élèves en chevaux et en mulets ne sont pas beaux dans nos contrées, parce qu'on ne prend pas assez de soins des jumens pendant leur gestation, les occupant à des travaux forcés et trop pénibles. On pourrait facilement améliorer cette branche productive, soit en choisissant de belles jumens poulinières et se procurant des étalons de bonne race, soit en destinant les poulains mal conformés aux travaux communs.

Dans les vallées de la zone tempérée et sur les plateaux de la région moyenne, il faudrait, dans les grands domaines, se servir de mules et de chevaux pour le labourage. Ce travail serait plutôt fait et la dépense moindre, par la raison que les deux espèces sont plus faciles à nourrir, étant moins délicates que les bêtes à cornes; dans ce cas, la forme de l'araire serait remplacée par celle du Languedoc ou du Dauphiné, qui est plus déliée et donne un manche plus court pour la commodité du laboureur.

Je conçois bien que les petits propriétaires, qui y sont nombreux, n'adopteraient pas facilement cette méthode, parce qu'ils calculent sur le lait de leurs vaches; mais s'il est démontré qu'un cheval fait autant d'ouvrage qu'une paire de bœufs, et qu'on puisse nourrir en sus deux vaches à lait qui, plus soignées, moins fatiguées, seront plus abondantes et plus belles; que la dépense en fourrage serait à-peu-près la même si elle n'était moindre, alors il y aurait inconséquence ou entêtement à ne pas suivre ce système; d'ailleurs, on doit faire attention que le fumier de cheval convient mieux à nos terres fortes et froides. Il donne, à la vérité, plus d'herbes ou de plantes parasites, n'étant pas aussi consommé que celui des ruminans, mais elles disparaissent par le sarclage que font journellement les enfans de nos agriculteurs.

On peut aussi améliorer la race des bêtes à laine, en la croisant avec celle du Languedoc ou de l'Orléanais, ou en donnant plus de soins à celle qui est indigène; aérer les bergeries, les tenir sèches, nettoyées, spacieuses, surtout ne pas faire pacager avant que la rosée soit vaporisée, ou dans les endroits éveux et marécageux, telle est la meilleure méthode.

Dans les grandes fermes où il y a de nombreux troupeaux, on doit séparer les bêtes malades d'avec celles qui sont en santé, et avoir une bergerie de relai pour servir d'infirmerie; c'est ce qu'on pratique partout où l'on élève des mérinos, ainsi que dans les domaines bien administrés.

Il est inutile de penser à introduire cette dernière race dans ce pays; elle exige de grands pacages à toutes les expositions et des domaines isolés, pareils à celui de Douhe, parce qu'il faut, autant que possible, abriter ces troupeaux des grands vents, et les préserver de la mouillure; d'ailleurs, demandant la présence continuelle du maître, ils nécessitent donc un propriétaire stant et agronome, ce qu'on voit rarement dans nos contrées.

N'y ayant pas dans le pays des forêts de chênes, la race des cochons qu'on y élève est la seule qui lui soit propre.

Les ânes dont on fait beaucoup de cas pour le bât, le transport des fruits, et particulièrement pour la force et la sobriété, sont ceux de l'Emblavès, de Retournac et de Chamalières; la race de ceux de Saint-Paulien, servant à porter du bois, est plus petite, moins forte et plus chétive, parce qu'elle est mal nourrie et peu soignée.

Quoique les deux arrondissemens du Puy et d'Yssingeaux, ainsi qu'une grande partie de celui de Brioude n'aient ni étangs ni mares à poissons (1), le pays étant coupé par de nombreux ruisseaux et possédant partout d'abondantes fontaines, il me semble qu'on y a négligé trop long-temps l'éducation des oies et des canards, particulièrement dans les vallées, où les grains qu'on y récolte sont chargés de Nielles *(Nigella sativa)*, de Vesces *(Vicia sativa)*, par le peu de précaution qu'on prend, lors des semences, de les nettoyer en les tamisant.

----

(1) On doit distinguer les étangs à écluses ou faits par la main des hommes, qu'on peuple en poissons, d'avec ceux faits par la nature, ou d'avec les lacs qui souvent n'en peuvent point supporter, tel que le lac du Bouchet-Saint-Nicolas, ou ceux qu'on est obligé d'empoissonner, pareils au lac de Saint-Front (tous les deux dans l'arrondissement du Puy).

Il vaudrait mieux réduire le nombre des poules, qui occasionne plus de dégâts, et multiplier les espèces aquatiques, qui dégagent les environs des manoirs de beaucoup de vermines ou d'insectes nuisibles, tels que les limaçons, les courtilières, les grillons, les crapauds, les salamandres (dites *souffles*), jusqu'aux serpens ; et si quelquefois, dans les basse-cours comme dans les étables, il s'introduit des reptiles ou des amphibies malfaisans, les oies et les canards les ont bientôt dévorés.

Mais l'habitude et la routine sont si pernicieuses dans beaucoup de contrées, qu'il faut bien des années et de la patience pour y introduire ou y faire adopter quelque nouvelle méthode, fût-elle la plus utile.

Si on élevait aussi des dindons, croirait-on que ce volatile, de facile garde, serait nuisible aux intérêts des fermiers comme à ceux des propriétaires ? Et quand les blés sont dévastés, vers le commencement d'octobre, par les limaçons et les chenilles ; qu'au printemps, peu après la germination des semences marsaises, les limaçons échappés à la chasse d'automne, ont passé l'hiver dans les murs ou sous des pierres, et viennent dépointer les orges, les avoines et toutes les plantes légumineuses, si on avait un troupeau d'oies ou de dindons pour leur faire traverser les champs, ne serait-on pas alors convaincu qu'au produit de la vente de ces élèves on réunirait celui de détruire les insectes nuisibles, qui souvent infestent des territoires entiers, même des cantons, et occasionnent aux animaux ruminans des maladies dangereuses, surtout quand il se trouve des chenilles au milieu des herbes fraîches qu'on donne, dans les étables, aux vaches laitières ?

Il est vrai que le remède serait pire que le mal, si on amenait dans les champs ces animaux avant de leur avoir donné à manger dans la basse-cour, parce que, affamés, ils dévoreraient plus eux-mêmes que ne feraient les insectes qu'on voudrait détruire ; mais lorsque, dans le mois d'octobre, les blés hivernaux, ayant déjà gazonné une terre, ne sont pas susceptibles d'être arrachés en les dépointant, que cependant on les voit infestés de chenilles et de limaçons, alors il ne faut pas craindre d'y amener les dindons, qui ne s'occuperont qu'à exterminer ces insectes et non à attaquer les blés.

Il n'en serait pas de même au printemps, parce qu'alors il leur faut donner à manger avant de les conduire dans les terres, que l'on ne fait que parcourir assez rapidement, mais dans tous les sens des parties infestées ; d'ailleurs, dans la saison nouvelle, les troupeaux ne sont pas nombreux, car ils se réduisent à quelques femelles couveuses et au mâle, l'hiver et le carnaval ayant fait consommer tout le reste.

On m'objectera peut-être la difficulté de faire

couver les femelles sur nos montagnes froides et couvertes de neiges pendant le mois d'avril, quelquefois même jusqu'à la fin de mai, et de conserver les dindonneaux dans leur premier âge. Je puis répondre qu'en tenant les couveuses dans des étables chaudes, et en ne laissant vaguer leurs petits que lorsque la saison est assurée, on obviera à cet inconvénient; d'ailleurs, on peut retarder l'incubation jusqu'à la fin d'avril, et les élèves pourront encore être mangés après le carême.

M. Enjolras-Laprade, propriétaire à Montlaur, un des villages les plus élevés de ces contrées, en fit couver en 1820, lesquels au mois de juin, époque où je les vis, étaient déjà grands et d'une belle constitution.

Mais si, dans la région froide, leur éducation était difficile, dans les vallées on ne rencontrerait pas les mêmes obstacles. Je connais bien des contrées dans le Puy-de-Dôme et dans le Cantal, tout aussi hautes et aussi froides que celles de la la Haute-Loire et de la Lozère, où l'on élève beaucoup d'oies, de dindons et de canards, dont on retire un grand produit, puisqu'on vient les vendre par troupeaux dans nos villes, à raison de 4 francs à 4 fr. 50 centimes la paire, et très-maigres.

Les chèvres ne sont pas nombreuses dans ce département, et je ne conseillerais jamais de les multiplier davantage. Quoiqu'elles soient l'apanage des cultivateurs pauvres , qui vivent de leur travail quotidien et n'ont pas les facultés de tenir une vache , leur dent est si meurtrière , le pays ne possédant pas d'ailleurs des localités assez escarpées pour les faire pacager , que je crois qu'on peut en réserver la multiplication jusqu'à ce que nos montagnes seront reboisées ; ce qui amenera loin , par l'apathie et l'insouciance où sont les grands propriétaires d'assurer à leur postérité des ressources contre un fléau plus terrible que la famine, qui ne dure ordinairement qu'une ou deux années, tandis que le reboisement d'une forêt est au moins de huit à dix ans.

Les bergers communs à chaque village, ou ceux qui sont spécialement chargés de la direction des troupeaux des grandes fermes ou domaines, sont-ils assez instruits pour remplir la tâche qu'ils s'imposent? C'est ce que je ne crois pas, et cependant c'est à quoi l'on devrait penser; car il ne suffit pas de connaître les bons pacages et d'y mener les troupeaux, il faudrait aussi connaître l'état physique des lieux, les vents qui y dominent, les dangers auxquels ces animaux timides, dociles, mais imprévoyans , peuvent être exposés, soit de la part des loups, soit des ouragans, des grêles et de tous les météores ; les eaux dangereuses, les exhalaisons malfaisantes, les herbes vénéneuses, et surtout les passages où des troupeaux transumans peuvent avoir laissé

un typhus contagieux. A la connaissance des
principales maladies dont l'espèce ovine peut
être affectée, les bergers devraient ajouter quelques notions d'hygiène (1), de physiologie (2)
et de thérapeutique (3), non-seulement pour
faciliter l'agnèlement des brebis mères, préserver les troupeaux du fourchet ou de la pourriture, de diverses maladies endémiques et épizootiques, mais encore pour faire quelques
opérations manuelles et vétérinaires.

Comme ces connaissances exigent des études
que ne peuvent point faire des hommes illittérés
et choisis dans la classe la plus ignorante, parce
qu'ils naissent et vivent dans un abandon absolu
de toute instruction, que chez eux un instinct
machinal peut les faire confondre avec les chiens
qui leur servent d'auxiliaires, il importerait, ce
me semble, que la sagesse du Gouvernement,
fixant les yeux sur cette portion précieuse de
l'économie rurale, érigeât dans chaque département une école gratuite d'agriculture théorique
et pratique, où les cantons enverraient plus ou
moins d'élèves, selon le nombre de la population, l'étendue du pays, particulièrement des
localités de pacage où l'on fait des élèves. Cette
pratique existe en Espagne depuis long-temps;
aussi les troupeaux s'y conservent intacts et sains.

____

(1) Moyens de conserver une espèce animale quelconque en état
de santé.

(2) Connaissance des corps vivans, en état de santé.

(3) Les moyens de traiter les maladies.

Si l'illustre Daubenton avait eu toutes les facultés de répandre ses instructions; si les Tessier, les Hyvart, les Bosc et leurs savans collaborateurs pouvaient enfin faire instituer, pour chaque département agricole, des établissemens aussi utiles que nécessaires à la prospérité de l'État, à la reconnaissance qu'ils ont déjà méritée par leurs travaux distingués, ils réuniraient les hommages de la postérité.

C'est en vain que j'ai sollicité l'honneur de cet établissement pour mon pays, et que j'ai offert mes faibles connaissances à mes compatriotes, en demandant au Conseil général du département l'érection de cette chaire; mes efforts ont été inutiles, parce que, sans doute, on a jugé mes moyens insuffisans; mais je cède volontiers cet avantage à celui qui occupera cet emploi utile, et je m'estimerais fort heureux si je pouvais avoir contribué à son établissement, qui pourra encore être retardé pour quelque temps, mais qui aura lieu, parce qu'il est indispensable au bien public.

Quadrupèdes, Oiseaux et Insectes nuisibles à l'agriculture, auxquels il faut faire une guerre perpétuelle pour empêcher leur trop grande multiplication.

Cet article me paraît d'une importance si utile à la prospérité agricole, que j'ai cru ne pouvoir me dispenser de le faire précéder par quelques considérations préliminaires.

Sans doute, on outragerait la Providence si on pensait qu'elle agit sans but déterminé, c'est-à-dire, si une cause essentiellement nécessaire pouvait produire des effets autres que ceux qui s'en déduisent nécessairement. Ce n'est pas que d'une même cause il ne puisse provenir différens effets, à raison de certaines circonstances modificatives, mais ils n'en dérivent pas moins d'un principe préexistant ; donc, tout ce qui existe matériellement étant assujetti à un nombre incalculable de métamorphoses, les moyens infinis que la nature emploie, dans son immense laboratoire, pour maintenir l'harmonie dans son ouvrage nous seront encore long-temps inconnus, s'ils n'échappent éternellement à notre intelligence.

J'ai dit précédemment que, dans la chaîne infinie des êtres qui composent l'Univers, chaque chaînon ou espèce remplit sa destination, suivant l'action, les formes ou les modifications qui lui font parcourir la vaste étendue du cercle qui lui est assigné ; que, dans ce changement continuel, le faible est destiné à être la proie du fort ; que celui-ci devient à son tour la victime ou de la trop grande vélocité de mouvement qu'il donne à sa puissance, ou des ennemis nombreux qu'il se fait, ou des piéges qu'on lui tend sans cesse, ou enfin de la loi immuable des modifications à laquelle il ne peut se soustraire.

L'homme considéré, soit dans son état pri-

mitif et naturel, soit dans sa situation actuelle
en corps de nations, s'est déclaré l'ennemi de
tous les êtres vivans; eh! comment dès-lors ne
leur ferait-il pas la guerre, puisqu'il se la fait
à lui-même ? Il n'est donc qu'un instrument que
la nature emploie pour arrêter la trop grande
multiplication des espèces.

Dans l'état naturel, l'homme aurait à combattre tout ce qui lui disputerait ou chercherait
à lui ravir l'objet de ses besoins alimentaires ou
de ses affections; le cours de sa vie ne serait,
dans ce cas, qu'une agitation continuelle et un
état de guerre permanent; mais si ses ennemis
sont plus nombreux dans l'état de société où il
se trouve et auquel il est nécessairement destiné, ses moyens pour les combattre ou pour les
détruire sont aussi plus faciles, plus puissans
et plus multipliés.

Comme ce ne sont pas les mêmes espèces qui
nuisent aux productions agricoles dans les divers
climats, que chacune d'elles s'attache à ceux où
elle peut se nourrir et se reproduire facilement,
je ne suivrai point les entomologistes et autres
savans dans la description de leurs caractères
spéciaux, ce qui m'amenerait trop loin. Je me
contenterai de désigner celles qui sont le plus
généralement répandues; à leur nom scientifique,
je réunirai leur nom vulgaire et les diverses métamorphoses qui s'opèrent en elles. Je vais surtout
m'attacher à indiquer les moyens les plus faciles

pour les détruire ou pour arrêter leur trop grande multiplication.

On voudra bien faire attention que la plupart des insectes ne sont à craindre que dans l'état de larves (de vers ou chenilles); qu'ayant parcouru toutes les périodes ou les phases de leur existence, la dernière étant l'état d'insecte parfait, et cette métamorphose n'étant qu'éphémère, ils ne cherchent qu'à se reproduire, et c'est là le terme de leur vie.

S'il en est beaucoup qui ne sont pas dangereux dans ce dernier état, il en est aussi qui causent beaucoup de dégâts, soit qu'ils dévorent les bourgeons naissans, soit qu'ils déposent leurs œufs dans les fleurs, dans les fruits et sous les écorces des arbres ; il ne faut donc pas moins leur donner la chasse. Je les indiquerai à mesure, sous leurs rapports nuisibles à l'agriculture, ou plutôt sous tous ceux qui se seront présentés à mes observations.

Dans les zones chaudes, ce sont des armées de singes qu'on a à redouter, des nuées de perroquets et d'oiseaux des tropiques, des reptiles, des crabes, des essaims de grosses mouches et de grosses fourmis inconnues en Europe, qui souvent sont des fléaux pour les sucreries ou pour les cannes à sucre, etc. Dans notre hémisphère, plus tempéré, dans le bassin de la Méditerranée ou dans la péninsule espagnole, sur les rives de l'Océan, ce sont des sauterelles et les oiseaux de passage qui, fuyant l'âpreté de nos hivers, se jettent pendant cette saison dans un climat plus doux. Chez nous, c'est-à-dire, dans les 9/12.ᵉˢ de la France, l'agriculture est continuellement menacée d'un nombre incalculable d'ennemis, qui nous assiégent quand les météores n'ont pas dévasté la moitié de nos récoltes.

Souris, Loirs, Rats, Campagnols, Écureuils et Taupes.

La famille des rats est la plus multipliée de toutes les espèces animales ; elle est aussi la plus répandue. Elle habite sous l'équateur comme sous les pôles, sur les mers comme sur la terre, et partout où il y a quelque végétation et où les hommes passent, les rats les suivent : ce sont les compagnons les plus intéressés comme les plus incommodes de l'espèce humaine.

Il n'est peut-être pas un vaisseau navigant sur la vaste étendue des mers, ou stationnaire dans nos ports, qui ne soit infesté de cette race vagabonde ou sédentaire, indifféremment.

Sa propagation est d'autant plus facile, que les diverses espèces trouvent à subsister partout, et leurs alimens sont d'autant plus multipliés que, manquant de ceux qui leur sont habituels, elles attaquent ce qui répugne aux autres ; le papier, le linge, les cuirs frais, secs ou tannés, les étoffes, tous les corps graisseux ou huileux, les viandes fraîches ou salées ; tout ce qui a vie, comme tout ce qui est cadavre, de quelque nature que ce soit ; presque tous les végétaux que les autres espèces peuvent manger, les fruits, les écorces, les insectes ; enfin, dans le besoin, elles s'attachent aux substances minérales, argileuses, bitumineuses, etc.

Si leur multiplication est extrême, aussi le nombre de leurs ennemis est plus grand. Les oiseaux, ainsi que les quadrupèdes et les reptiles, leur font une guerre perpétuelle, une guerre d'extermination.

Les dégâts que chaque espèce fait éprouver dans un canton sont d'autant plus funestes qu'ils sont relatifs à leur nombre.

La belette étant dans la classe de leurs ennemis les plus acharnés, les agriculteurs doivent se garder de lui faire la chasse. Les chats de bonne race étant le seul moyen que les hommes puissent employer avec succès et avec avantage, aucune habitation ne doit en être privée ; il faudrait même les accoutumer à aller chasser au-dehors, dans les champs et dans les bois.

J'ai habité avec ma famille, pendant quelques étés le château de Lavoûte-sur-Loire ; nous y avions apporté deux chats, qui devinrent marrons et qui y demeurèrent tels. Ils s'accoutumèrent tellement à donner la chasse au-dehors à tous les animaux nuisibles, que souvent ils apportaient dans la maison des serpens, des vipères, des couleuvres vivans, et dont ils ne désemparaient pas.

Il existe des espèces, dans les souris surtout, qui sont si grosses et si dévastatrices, qu'on ne saurait prendre trop de précautions pour les détruire. Il y a des individus qui vivent très-long-temps, et prennent un poil gris lors de leur décrépitude.

M. Mariac, un de mes voisins, ayant fait démolir une cheminée, on trouva sous le pavé, et derrière la pierre à butter la crémaillère, une grande quantité de squelettes de souris; il y en avait de huit à dix pouces de longueur; jamais je n'avais vu d'espèce aussi grosse. Sans doute qu'aux approches de leur mort, les agonisans devaient se rendre à ce cimetière, qui les attirait par la chaleur.

Il y en a dans mon habitation, qui ne reculent pas devant des chats d'une année; ces derniers n'osent même pas les attaquer. Comme elles s'attachent aux fruits des espaliers et des treillages, je suis obligé de leur faire la chasse à coups de fusil. Immédiatement après le crépuscule, elles descendent des toits le long des murs, où elles grimpent avec célérité, parce qu'ils sont crépis à grain-d'orge, ce qui facilite leurs excursions; elles sont assez grosses pour être aperçues; d'ailleurs, je suis au fait de leur manége et des heures de leur maraude, qui sont à la tombée de la nuit ou un moment avant l'aube du jour. J'en tue quelques-unes, que j'attache par la queue au haut de mes treillages, et quand il y en a trois ou quatre des deux espèces, de souris ou de campagnols, celles qui les aperçoivent s'empressent d'aller chercher fortune ailleurs.

Les souris sont grosses et noirâtres; les campagnols, qu'on appelle indifféremment loirs, sont roux, un peu moins gros, plus lestes, ayant les jambes plus hautes et plus déliées; ils ont le dessous du corps, depuis le cou jusqu'à la racine de la queue, blanc; les poils des moustaches longs et gris, et un gros fouet blanchâtre au bout de la queue. Ces derniers sont encore plus dévastateurs que les premières, parce qu'étant plus agiles, ils se répandent au loin dans les campagnes; qu'ils sont plus rusés que les souris, et qu'ils habitent le creux des arbres, les vieux bâtimens isolés, les décombres, les fissures des rochers, ou les tanières qu'ils se font dans la terre, où il passent l'hiver tout engourdis. Ils font une consommation extraordinaire d'œufs d'oiseaux, ainsi que de jeunes petits qu'ils vont dénicher.

Il faut leur donner la chasse par tous les moyens possibles; par les chats, les chiens loubets, les traquenards, les ratières, le fusil, et plus particulièrement par les bols de noix vomique, qu'on prépare de la manière suivante :

On ramasse des vers de terre, qu'on hache

menu ; on les saupoudre avec de la noix vomique pulvérisée, et on en fait des pâtées en y mêlant un peu de farine ; on en forme de petites boulettes comme des gobilles, qu'on place dans tous les endroits où les rats et souris ont l'habitude de passer, surtout à proximité de leurs repaires et dans les trous ou fissures des murs. C'est le seul appât qui ne puisse nuire aux chats, qui n'y touchent pas, s'ils ne sont enduits ou imprégnés de graisse, ce qu'il faut éviter.

Cet appât est aussi le seul dont on puisse se servir avec succès pour exterminer les taupes, les rats taupiers ou mulots qui se sont introduits dans un jardin potager, sans cependant réprouver le taupier et le traquenard des taupes.

Les rats d'eau, qui sont noirs et amphibies, mangent les poissons, les écrevisses et les anguillons ; s'il s'en introduit dans un réservoir ou dans un vivier, il faut leur faire la chasse à coups de fusil.

Les écureuils s'introduisent rarement dans un jardin fruitier, à moins que le manoir soit à la proximité d'une forêt ou d'un parc, où il y ait quantité de noyers et de hêtres, parce qu'ils sont attirés par les noix, les noisettes et les faînes, mais on les a bientôt écartés ; d'ailleurs, comme leurs incursions se font en plein jour et que leur nombre n'est jamais bien grand, on ne les pourchasse guère, servant de récréation à la vue, par leur manége, leurs sauts périlleux et leurs manières agréables. Comme cette espèce est plus récréative que nuisible, car il faut bien qu'elle se nourrisse là où elle habite, je me crois dispensé de donner des moyens pour les détruire, avec d'autant plus de raison que leur multiplication n'est pas extraordinaire.

Oiseaux maraudeurs.

PARMI les oiseaux maraudeurs, les grives et les merles sont ceux qui font du mal dans les campagnes, aux cerisiers et aux raisins ; mais aussi ils dédommagent bien, dans l'arrière-saison, en servant à la cuisine.

Les pinsons et les mésanges, allant isolément, ne sont pas bien dangereux, non plus que le becfigue, qui n'est que de passage. Nous n'avons pas de sansonnets pendant l'été.

Il n'en est pas de même des moineaux ; faisant jusqu'à trois couvées de quatre à cinq petits, dans une saison, leur nombre devient bientôt un fléau pour les jardins fruitiers, parce qu'ils vont en troupes, qu'ils nichent partout, près des colombiers, sous les toits, dans les nids des hirondelles, qu'ils expulsent ; dans les trous des murs comme sur les arbres. Ils peuvent dévaster un cerisier, un prunier et un treillage dans dix minutes, s'ils s'y abattent en pleine liberté. Hardis jusqu'à l'effronterie, si on leur oppose des épouvantails, ils s'y accoutument bientôt et jouent avec eux. J'ai eu couvert une tonnelle avec des filets; les premiers jours, ils tâtonnaient pour reconnaître l'état des piéges, peu à peu ils s'en approchaient, enfin ils finissaient par passer dessous et s'en retourner par le même chemin d'où ils étaient venus; j'en ai même aperçu qui ne bougeaient pas pendant ma ronde, et lorsque j'avais disparu, ils partaient par l'issue opposée.

On ne peut défendre les treillages palissés à de hauts murs ou à des bâtimens, qu'en les couvrant avec des filets, ou en donnant la chasse aux maraudeurs trois fois par jour : le matin, sur les six heures; à midi, et le soir, une heure avant le coucher du soleil.

Les moineaux présentent bien quelques avantages, ceux de détruire beaucoup d'insectes nuisibles, tels que les sauterelles, les mouches, les papillons et autres, mais ces moyens d'utilité ne compensent pas leurs dégâts. Ayant l'estomac extrêmement chaud, ils sont sans cesse à la picorée, parce qu'ils sont presque toujours en activité.

J'ai observé cependant à leur avantage, qu'une troupe s'étant abattue dans une prairie infestée de sauterelles qui, après les fenaisons, auraient dévoré la pointe des regains, dans une heure ils dûrent en exterminer les trois quarts. Ce manége ou plutôt ce massacre est curieux à observer : à mesure que les sauterelles veulent échapper à leurs ennemis, en volant ou en sautant, elles sont saisies avec une dextérité inconcevable, et les moineaux ne leur donnent trève que lorsqu'ils sont gorgés , alors ils vont se reposer sur les arbres les plus proches; mais aussitôt que la digestion est faite, ce qui s'opère dans l'espace d'une heure, ils retournent au champ de carnage.

Au reste , n'ayant point signifié à aucune espèce animale ni nos droits de propriété, ni nos contrats d'acquisition et de prise de possession, ils abusent de leur droit naturel, que nous repoussons ou rétorquons par le droit du plus fort; aussi nous comptent-ils parmi leurs ennemis les plus redoutables, parce qu'à la force nous réunissons la ruse.

INSECTES.

Courtilières , Courterolles , Raines du Velay, Taupe-Grillon (Grislo Talpa vulgaris) : *Ordre des Orthoptères de* LINNÉ.

Tous les jardiniers, tous les propriétaires qui s'occupent ou qui donnent quelques soins à l'exploitation de leurs terres, surtout ceux qui possèdent des propriétés dans les vallées basses et humides, connaissent la courtilière ou taupe-grillon. Taupe, parce qu'elle fait des galeries souterraines comme elles; grillon, parce qu'elle en a le cri et qu'elle est de la même famille. Sa couleur varie selon le local et le climat où elle se trouve; car on en voit d'un brun-clair dans certains endroits, et d'un brun foncé dans d'autres. Elle peut avoir de vingt à vingt-deux lignes de longueur, quand elle a acquis son plus grand accroissement. Sa forme est hideuse à la vue; elle a plusieurs yeux (cinq), dont deux grands et trois plus petits.

Ce n'est ni avec ses dents, ni avec sa mâchoire qu'elle fait ses dégâts ; c'est avec des griffes formant crochets et scies tenant aux deux pattes de devant, qui sont courtes et dans la forme de celles des taupes. (*Voyez* LINNÉ, GEOFFROY, FABRICIUS , LATREILLE , RÉAUMUR, le Cours complet d'Histoire naturelle, etc.).

Cet insecte vivant continuellement sous terre, je ne conçois pas à quelle utilité peuvent être employées deux petites ailes très-déliées qu'il a sur le dos, à moins que ce ne soit pour accélérer ses mouvemens lorsqu'il est poursuivi par quelque ennemi à l'extérieur.

J'en ai pris, j'en ai pourchassé, j'en ai vu courant rapidement, et toujours j'ai observé ces ailes pliées sur le dos, sans autre mouvement que celui produit par l'agitation du corps; peut-être servent-elles à faciliter le cri qu'il fait, avec deux étuis croisés qu'il a sur le corselet.

Il cause de grands dégâts, surtout dans les terres ensemencées en orge ou en froment. Pour s'en convaincre, on n'a qu'à se transporter, pendant le printemps, sur la plaine des Chartreux près le Puy, et y observer les orgières ; toutes les plantes qui blanchissent et qui se fanent ont été attaquées par ces insectes.

Mais c'est principalement dans les jardins maraîchers qu'ils exercent leurs ravages sur les jeunes choux, la salade et autres plantes légumineuses. J'ai observé qu'ils fuient les chenevières, soit que leur odeur forte les écarte, soit que cette plante ligneuse et pivotante leur occasionne un travail trop pénible pour scier les racines et établir leurs galeries.

Divers procédés ont été employés pour les détruire ; celui de découvrir leur gîte au printemps, d'y faire filtrer de l'eau huilée, est infaillible ; mais comme dans les grandes terres qui en sont infestées on userait trop d'huile, il est un moyen plus simple de parvenir à les exterminer sans beaucoup de frais. Je dois ce procédé au hasard plutôt qu'à l'étude.

Mon jardin potager était infesté de cet insecte malfaisant, et sa chasse me donnait beaucoup de peine. J'avais fait une couche à melons, au-dessus de laquelle j'avais mis, à peu près, deux ou trois pouces de rafle ou marc de raisin, pour tempérer et conserver la chaleur. Au milieu de l'hiver suivant, je voulus retirer le fumier de cette couche pour couvrir une table d'asperges ; quel fut mon étonnement, lorsqu'au centre je trouvai une masse de courtilières réunies ; je les sortis bien vîte, pour les écraser. Ayant jeté dans cette fosse des balles d'orge, recouvertes de fumier frais, vers le mois de mars suivant, je trouvai encore quantité de ces insectes, et presque sur la superficie, des boules de terre agglutinée dans lesquelles il y avait une infinité d'œufs. J'ai renouvelé pendant deux ans cette opération, et je suis parvenu à en désinfester mon jardin.

Depuis, quoique à proximité d'une plaine qui en est peuplée, je n'en ai vu que quelques-uns d'isolés ou égarés, que j'ai détruits.

Voici le procédé que j'indique comme infaillible ; il n'est pas nouveau, puisqu'en cherchant dans divers ouvrages d'histoire naturelle certains objets dont je voulais m'assurer, j'y ai trouvé une méthode à-peu-près la même :

Dans les terrains où ils vivent habituellement, de distance en distance, particulièrement dans les parties où l'on connaîtra leurs demeures, on pratiquera des petites fosses de deux pieds de diamètre (la forme n'y fait rien) et de quatorze à seize pouces de profondeur ; on y mettra du fumier de cheval, bien pailleux, ayant servi fraîchement de litière ; dans le milieu, on posera quelques rafles ou marc de raisin, si on en a, ou du marc de pommes, ou de la drèche et résidu de l'orge à bière, et là où il n'y aura aucun de ces objets, on se servira des balles de blé, des débris ou poussière de fèves ou des feuilles sèches qu'on recouvrira avec le même fumier, de manière que le tas dépasse, d'un pied à quinze pouces, la surface du terrain, sur lequel on amoncèlera de la terre en ados.

Vers la fin de novembre, si les froids se sont déjà fait sentir et s'il a tombé de la neige, dans le cas contraire, vers la mi-décembre, on ouvrira toutes les fosses successivement, et on trouvera dans le centre les courtilières tout engourdies, qu'on écrasera aussitôt, hors de la fosse, et on la remettra dans son premier état, avec la précaution de ne pas détruire les galeries aboutissantes, parce que, s'il s'en trouve qui se soient échappées ou qui aient formé d'autres dépôts, elles viendront pour chercher la chaleur et la nourriture que leur présenteront ces diverses substances agglomérées avec le fumier. On répétera cette opération trois ou quatre fois pendant l'hiver jusqu'à la fin de mars, et on sera assuré d'un succès certain.

Sauterelles (1).

Cette famille est immense, par ses nombreuses variétés; notre climat se ressent pourtant

---

(1) Comme on change toutes les appellations dans ces contrées montagneuses, qu'on y donne à une infinité de mots des acceptions qu'ils n'ont pas, ce qui fait que les hommes les plus versés dans la langue française souvent ne nous comprennent pas, il est important de faire connaître l'étymologie de quelques mots vulgairement en usage dans le pays.

On confond, par exemple, sous le nom de *Renes*, tous les

moins de ses dégâts que celui du bassin de la Méditerranée.

Un auteur, je crois que c'est M. le comte de Choseuil, ambassadeur de France à Constantinople, dit que dans le Levant, particulièrement dans la Crimée, les sauterelles sont quelquefois si nombreuses qu'elles dévastent une immense surface de pays. Une année, un coup de vent en apporta une si grande quantité dans la Mer Noire, que pendant plusieurs semaines ses bords en furent couverts.

Dans nos contrées montagneuses, quand les étés sont secs, elles dévorent les trèfles, les luzernes, les regains et les vignes.

J'ai vu à un mas (domaine) appelé Sainte-Croix, près Nîmes, appartenant à M. Troupel, avocat à Euzet, et dans une terre de M. de Cou-

---

grillons qui, par leurs cris monotones, assourdissent pendant les chaleurs, surtout dans les soirées du printemps et de l'été, plus spécialement après la pluie.

Le mot générique de *Rene* dérive du verbe patois *rener* : pleurer, grommeler, gronder continuellement ; comme on dit d'un enfant qui pleure sans verser des larmes : *Reno* ; d'un homme qui sans cesse gronde ou se plaint entre dents : *Fay ma rena*. On appelle aussi génériquement *chèvres*, toutes les sauterelles ; sans doute, parce qu'elles sautent et bondissent comme les chèvres.

Mais c'est en vain que j'ai cherché la racine des mots *pébrade* (thym, *thymus vulgaris*) ; celui de *girarde* (julienne, *hesperis matronalis*) ; celui de *blay*, pour désigner le sycomore.

Je sais bien qu'on confond l'épine-vinette avec la groseille rouge (*berberis rubra*) ; diverses cerises avec les griottes ; les œillets avec les giroflées ; les muguets avec les hyacinthes ; mais on peut facilement faire disparaître cette confusion en désignant chaque espèce sous sa vraie acception.

Toutes les fois que je traiterai d'un végétal ou d'un insecte, en indiquant son nom vrai, j'ajouterai à côté le nom vulgaire, pour éviter des confusions et faciliter leur connaissance.

lorgues, à Coulorgues, des sauterelles si nombreuses qu'elles dévorèrent plusieurs vignobles,
dans l'espace de huit jours; on fut obligé d'y
faire passer des troupeaux de dindes qui les
détruisirent; ce qui les engraissa rapidement.

Si les moineaux n'étaient pas aussi voraces et
aussi grands consommateurs de grains, de che-
nevis, de raisins, etc., ils seraient bons pour
leur donner la chasse; car il n'est pas un moi-
neau qui, dans les mois d'août et de septembre,
ne dévore six livres pesant de ces insectes.

On devrait donc propager les dindons; à l'avantage d'être un excellent comestible ils réunissent
celui de l'utilité, par la destruction de beaucoup
d'insectes nuisibles.

Charançons (Curculio) : *Coléoptères.*

Il y a beaucoup d'espèces de charançons qui
sont vers avant d'être insectes parfaits, c'est-
à-dire, qui parcourent à-peu-près les mêmes
phases d'accroissement et d'existence que les
chenilles, éprouvent les mêmes métamorphoses
de vers en chrysalides et en insectes.

Tous les agriculteurs connaissent les charançons (*gargouy* du pays), tous connaissent
leurs ravages sur les grains et toutes les graines
légumineuses. Il ne s'agit, dans cet article, que
de donner les moyens de les détruire, d'en
arrêter la trop grande propagation ou d'amoin-
drir leurs ravages.

L'insecte parfait donne plusieurs pontes dans un été ; il introduit ses œufs dans les stygmates des fleurs papillonnacées ou autres, et y éclôt ; la larve se nourrit du grain en vert , s'y abrite pendant sa maturité, s'y métamorphose et n'en sort qu'insecte parfait, pour s'accoupler et se reproduire.

J'ai vu dans plusieurs pays , notamment dans le midi, employer divers procédés consignés dans les journaux du temps ; mais le plus efficace et le plus facile à exécuter est le suivant :

A Marseille et dans toutes les villes de la fissure du Rhône, des particuliers font, pour ainsi dire, exclusivement le commerce des grains, des farines et des légumes ; conséquemment, ils forment des emmagasinemens considérables de ces denrées.

Dans ces climats chauds, où les hivers sont moins âpres que dans le reste du royaume, les charançons trouvent beaucoup plus de moyens pour se reproduire et se multiplier ; il importe donc à ceux qui se livrent à ce commerce, d'empêcher la dégradation des grains et de les conserver intacts , parce que souvent les consommateurs les achètent , non pas à raison des mesures de capacité, mais à raison de la pesanteur spécifique ; alors les blés et les légumes charançonnés, pesant beaucoup moins , sont moins farineux et donnent plus de déchet, ce qui n'accommode ni les boulangers, ni les par-

ticuliers qui achètent pour faire moudre ; il est
donc du plus grand intérêt des marchands, de
conserver leurs grains sains. Pour obtenir cet
avantage, ils emploient tous les moyens imagi-
nables afin d'arrêter ou se préserver des dégâts
des insectes granivores ou farinivores.

Pour cela, on fait construire des greniers
vastes, secs, aérés, bien éclairés et solides, où
les grains sont entassés par espèces et par qualités, non dans des petits greniers à coulisse et
resserrés comme des armoires, mais sur l'aire,
séparés seulement par des hauteurs d'appui.
Voilà ce qui se pratique partout où l'on fait ce
commerce en grand ; il n'y a que les farines qui
soient dans des sacs.

On grille en fil de fer les fenêtres, pour empêcher l'accès des moineaux et autres oiseaux ; on
pose au-dedans des châssis à vitrage, pour arrêter
la pluie, et on place des volets en-dehors.

Le seul procédé qu'on puisse employer avec
succès et facilité, c'est le chaulage et l'état
de mobilité où l'on doit tenir les grains, soit
pendant l'été, soit pendant l'hiver. Ceux qu'on
veut destiner pour les semences peuvent être
moins fortement chaulés que les autres, mais
tous doivent l'être. C'est aux propriétaires à
examiner et à combiner la quantité de chaux
qu'il convient d'employer, selon sa force, sa
causticité et la densité des grains.

Là où la chaux est rare, quoique ce calcaire

soit généralement répandu sur toute la surface de la France, on pourra remuer les grains deux fois pendant l'hiver, et une fois tous les deux mois pendant les autres saisons, particulièrement aux mois d'avril et de mai, époque la plus ordinaire des accouplemens et des pontes.

Sur nos montagnes, où l'on ne sort les grains de leurs balles que pendant l'hiver et où l'on bat au fléau, les blés sont rarement charançonnés, soit à cause de la longue durée des froids, soit que ces insectes ne puissent pas s'y multiplier aussi facilement; il n'y a que les grains légumes qui en soient infestés, parce qu'étant apportés dans les granges en vert, les charançons ont demeuré dans les grains où ils étaient logés, s'y sont nourris et y ont changé de forme, à l'abri de tout accident.

Pour faire périr ces insectes, il faudrait donc battre les grains de bonne heure, les laisser en tas au coin de la grange, et de temps en temps les agiter avec des pelles contre les murs, afin de dénicher les charançons, que les froids feront périr, et n'enfermer les récoltes dans les greniers qu'après avoir renouvelé cette opération pendant deux ou trois fois.

Chenilles.

Je ne ferai pas la description historique des chenilles; il faudrait pour cela donner un traité. Il me suffira d'indiquer les moyens les plus faciles pour arrêter leurs ravages ou empêcher leur rapide multiplication, sans cependant négliger leur destruction.

Il y a des chenilles de jour et des noctuelles, c'est-à-dire, les unes faisant leurs excursions pendant la nuit, et les autres pendant le jour.

Il y en a de grandes, de petites, de lisses, de velues, de diverses couleurs; mais toutes sont produites par des papillons.

Des espèces vivent isolément; d'autres, en sociétés de famille; celles-ci, après le repas, se retirent dans le même nid, ce qui facilite les moyens de les découvrir et de les détruire.

La race, en général, attaque indistinctement tous les végétaux, les plantes vénéneuses, comme les aromatiques; les arbres résineux à feuilles persistantes, comme ceux à feuilles caduques.

Pour être à l'abri du ravage que peuvent occasionner presque toutes les espèces, le moyen le plus efficace à employer, c'est d'exterminer les papillons dès leur apparition; pour cela, on doit faire, avec des racines de pin, ou avec des baguettes du citise des Alpes *(citissus laburnum)* ou de coudre, des raquettes qu'on couvre de réseaux de fil à larges mailles. On peut en avoir de toute longueur, pour n'être pas obligé de piétiner les carrés, et pour atteindre à une certaine élévation. J'ai habitué un de mes enfans à ce manége; il y est devenu si habile, qu'aucun papillon ne lui échappe, quelque célérité qu'il mette dans son vol. En détruisant les papillons, on est exempt des chenilles. Comme dans les nids que forment plusieurs espèces, lesquels sont grands, soyeux et extrêmement serrés par le haut, elles s'y trouvent à l'abri des pluies, des oiseaux, leurs ennemis, des froids et des vents du nord, elles s'y blottissent pendant leurs mues, ce qui fait qu'elles sont plus nombreuses et plus funestes, parce qu'elles ne courent pas autant de chances que celles qui sont en plein air ou simplement cachées dans le revers des feuilles.

Si on manque le passage des papillons et qu'on aperçoive les nids de chenilles, ce qui est facile à découvrir, car, à peine écloses, elles s'occupent en commun des moyens de leur conservation, alors on fera des torches avec de la paille, quelle qu'elle soit, ou avec de l'étoupe enduite de résine, qu'on attachera au bout d'un bâton, de la longueur nécessaire pour atteindre le haut des branches, lesquelles torches on saupoudrera avec de la fleur de soufre; on les enflammera et on les dirigera sous les nids, de manière à ne pas endommager les nouveaux bourgeons, mais à faire humer aux insectes l'odeur sulfureuse qui doit les suffoquer, ou qui les étourdira au point de les faire tomber; puis on les écrasera.

Comme l'entrée des nids est toujours par le bas et du côté de la contexture de la branche, avec un autre bâton pointu ou fendu, on doit tâcher d'agrandir l'ouverture, pour y faire pénétrer la fumée. Ce moyen réunit à la facilité de s'en servir celui de la réussite infaillible ; au lieu que l'échenilloir oblige à des amputations, à des excoriations toujours nuisibles aux arbres, dans une saison où l'on ne taille pas impunément ; car il est des époques où il faut être très-circonspect pour les sections, ce à quoi les routiniers ne font aucune attention.

Les mille et un procédés prônés et consignés dans quantité d'ouvrages, la plupart écrits et créés dans les cabinets par des agriculteurs en robes de chambres, peuvent être essayés par les amateurs ; mais les plus efficaces sont ceux de l'enfumage avec la fleur de soufre, ou la prise des papillons avec des raquettes ; ils sont surtout les plus faciles à pratiquer.

Je vais signaler les espèces les plus communes ou qui se multiplient davantage. Les chenilles communes sont celles qui paraissent annuellement en grand nombre, dont les papillons font plusieurs pontes pendant l'été, parce qu'elles se succèdent dans leurs métamorphoses, si l'on n'a pas le soin d'exterminer les papillons aussitôt qu'on les aperçoit ; vivant en société, elles ont bientôt dévoré les feuilles d'un arbre entier, quel qu'il soit, et ne l'abandonnent, pour aller sur un autre, que lorsqu'elles l'ont mis à nu.

Le papillon est blanc, d'une forme moyenne ; il pond presqu'aussitôt après sa métamorphose en papillon, c'est-à-dire, après son issue de chrysalide. Les chenilles qui en sont produites font de gros nids à l'extrémité des arbres à fruits, où elles vont se blottir pendant la pluie, les fraîcheurs et surtout pendant les orages.

La chenille verte, à tête noire et à museau allongé, se cache dans le revers des feuilles; elle attaque indistinctement les arbres à pepins comme ceux à noyaux, plus particulièrement les pommiers et les cerisiers; contournant les feuilles en cornets, pour s'y abriter au milieu d'une espèce de duvet, avec un peu d'attention on l'a bientôt aperçue, mais elle se laisse tomber en se suspendant à un fil qu'elle dévide de son estomac et qui lui sert à remonter à l'arbre. La nymphe se tient dans les fissures des écorces gercées. Leurs papillons blancs sont mouchetés de noir.

Les chenilles arpenteuses, processionnaires, et celles à livrées, toutes très-nombreuses, doivent être détruites par tous ceux qui les rencontrent, parce qu'elles dépouillent les arbres comme les autres végétaux, et nuisent à leur accroissement. Celles-ci présentent des moyens plus faciles pour s'en délivrer, en ce qu'étant obligées de se déplacer, après avoir dépouillé un arbre, on les rencontre dans leurs courses, marchant par bataillons; elles traversent quelquefois des rivières assez larges, se tenant par les dents ou crochets l'une à la queue de l'autre, jusqu'à ce que toute la troupe soit parvenue sur la rive opposée.

Les chenilles de choux, aussi fécondes dans leur progéniture que les communes, sont aussi dévastatrices; il faut donc les détruire en papillons ou en chrysalides, qu'on trouve dans les trous, les fentes des murs, dans les gerçures des arbres, dans les fissures des rochers, dans les rainures des boiseries et dans tous les endroits où elles peuvent se nicher pour opérer leur transformation.

Les papillons de ces dernières sont plus faciles à saisir avec les raquêtes, parce qu'ils volent toujours rez terre et sur les plants de choux; cette opération peut éviter la peine de l'échenillage. Cette espèce se multiplierait encore plus que les précédentes, si elle n'était exposée à des chances dont les autres se mettent à l'abri.

On sait que toutes éprouvent des maladies périodiques appelées mues. Si, pendant ces époques, une pluie froide ou un vent du nord un peu intense et de quelques jours de durée se fait sentir, elles périssent par millions; mais, si le temps est beau, rien ne peut les détruire que l'échenillage, et toutes les manœuvres employées par la superstition ne font que compromettre ceux qui s'en servent, et provoquent la risée ou les sarcasmes des raisonneurs incrédules.

La chenille des choux, c'est-à-dire, la velue mouchetée, car il y en a de deux espèces : la verte, avec deux raies jaunâtres sous le ventre, vit isolément et se tient au milieu ou dans le bas de la nervure intérieure des feuilles; et la mouchetée, qui vit en famille, perce les feuilles et dévore le parenchyme, en commençant par l'extrémité ou par les parties les plus tendres ; l'une et l'autre n'éprouvent d'autres moyens de destruction que le froid pendant les mues, ou l'échenillage, qui deviendrait extrêmement coûteux. Il faut donc pourchasser les papillons et ne leur point faire de quartier.

On croit sans doute, c'est-à-dire le vulgaire, que toutes les espèces de papillons qu'on voit voltiger de fleurs en fleurs ou de plantes en plantes, sont mûs par la faim ou par l'attrait du plaisir et de l'inconstance, parce que les poètes leur ont appliqué les brillantes fictions de l'apologue ou de la mythologie.

Ce n'est ni la faim ni l'inconstance qui les agitent, c'est l'instinct et le besoin de la reproduction. Aussitôt après l'accouplement, les mâles meurent, et les femelles courent çà et là pour déposer leurs œufs, ou dans les pistils ou dans les tiges des plantes fistuleuses, et partout où elles peuvent les mettre à l'abri du danger, faciliter leur développement à la vie et les rapprocher des alimens qui leur conviennent.

Il y a encore la chenille des blés, qui est une des plus petites espèces (*Voyez* phalène *ou* pyrale). Les papillons femelles déposent leurs œufs dans les épis lorsqu'ils ont fleuri, ou dans les grains, dans chacun desquels ils en introtroduisent un seul, dont le ver ensuite croît et se nourrit aux dépens de la farine, s'y métamorphose et n'en sort que pour s'accoupler et aller répandre sa progéniture. Le chaulage est un des meilleurs procédés pour les faire périr, mais il faut souvent remuer les tas de blés emmagasinés.

Le chaulage doit être fait avec de la chaux fusée ou pulvérisée à l'air libre, sous un hangar, avec laquelle on saupoudre copieusement les tas; mais il faut la répandre avec discrétion et discernement, parce qu'elle pourrait corroder le germe et procurer des aphtes à la bouche de ceux qui en mangeraient le pain.

On sera à l'abri de ces inconvéniens si on remue souvent les blés, et surtout si on les jette à la pelle dans un grenier voisin, mais dans le même local, avec la précaution d'ouvrir tous les vitrages, pour faire évacuer la poussière.

On pensera, sans doute, que ces procédés ne peuvent s'appliquer qu'aux grandes fermes, aux magasins destinés au commerce ou chez les grands propriétaires qui reçoivent leurs fermages en nature.

Cette matière exigerait de grands développemens, si je cherchais à étendre et à appliquer mes observations à toutes les parties de la France, et à toutes les espèces qui s'attachent spécialement à certains végétaux; je n'ai fait que signaler celles qui se propagent avec le plus de facilité et qui appartiennent ou vivent dans presque tous les climats.

Quand on veut prévenir un mal, il faut prendre toutes les précautions nécessaires et dictées par la prudence ; or donc, pour n'être pas obligé à l'échenillage, il importe de donner la chasse aux papillons.

Caractères spéciaux de la Phalène ou Pyrale des blés (Phalena pyralis secalis).

LA chenille est verte, ayant des raies rouges, longue de neuf à dix lignes environ ; elle fait plus de ravages dans les contrées méridionales que chez nous. Son insecte parfait est un papillon de moyenne grandeur ; sa couleur est rougeâtre. Son espèce suit la marche des autres chenilles, c'est-à-dire, de ver, de chrysalide et de papillon.

Gribouri, Lisette ou Coupe-Bourgeon (Chryptora phalus) : *Coléoptères de* GEOFFROY *et Chryso-melles de* LINNÉ.

IL y en a de plusieurs espèces ; les plus dangereuses sont la noirâtre et la verte. La noirâtre a la tête, le dessous du ventre et ses étuis rougeâtres ; ses longues pinces ressemblent à la trompe d'un éléphant ; la verte est un peu plus allongée. Tous les propriétaires qui possèdent des jardins fruitiers ou des vignes connaissent leurs dégâts : elles cernent, rongent et coupent les nouveaux bourgeons.

Après l'accouplement et la ponte, elles s'enterrent, pour ne reparaître qu'au printemps suivant, en mars, avril ou en mai, selon le climat. Elles déposent leurs œufs dans les gerçures des arbres, pour produire un ver.

On les rencontre souvent accouplées, accolées à la bifurcation des branches; elles se laissent tomber aussitôt qu'on les touche, et leur couleur noirâtre ou verdâtre les fait souvent échapper à la poursuite ou à la chasse qu'on leur fait. L'époque de les détruire est le moment de leurs accouplemens.

Quoique le mâle soit croupé sur la femelle, ils n'en font pas moins l'un et l'autre l'opération de couper, avec leurs pinces, un bourgeon par le milieu, sans doute pour en extraire la sève ascendante.

Guêpes, *Frelons* *et* *Stavabards* *du* *Puy* (Vespa).

On en voit de trois ou quatre espèces : les plus dangereuses sont celles qui font leurs guêpiers dans les creux des arbres, dans les trous, au haut des combles des vieux bâtimens abandonnés, et celles qui s'enfoncent dans la terre.

Pour détruire les guêpiers, il faut les brûler s'ils sont attachés à des voûtes, ou les enfumer avec de la paille un peu humide et de la fleur de soufre. Cette opération ne doit être faite que la nuit, avec la précaution de se couvrir la figure avec des masques à dérucher, et les mains avec des gants, car leur piqûre est très-vénimeuse ; il faut aussi se pourvoir d'alkali volatil fluor, pour répandre sur la plaie, dans le cas d'accident.

A l'égard de ceux qui sont dans la terre, dès le soir de la veille de l'opération, on posera une ou deux cartouches dans l'orifice intérieur du trou, qu'on recouvrira avec de la paille, et le jour destiné pour les détruire, on y mettra le feu, de grand matin.

Il ne faut jamais s'occuper à découvrir la demeure des grosses guêpes rousses, à ailes noirâtres, par le danger d'en être attaqué. J'ai été témoin que des bœufs, en labourant, ayant soulevé un guêpier avec le soc, le bouvier et les animaux furent atteints par les guêpes, et si on n'avait disjoint les bœufs, ils se seraient fait sauter les cornes ou auraient cassé le joug. Ils traversèrent la Loire, ce qui les sauva ; mais le bouvier fut piqué par deux, et plusieurs le pourchassèrent jusqu'au fond d'une étable.

Gallinsecte.

La gallinsecte est une espèce de puceron attaché aux arbres, à demeure fixe ; elle est de forme hémisphérique oblongue, décrivant un ancien écu militaire. Il y en a de plusieurs couleurs : de brun foncé, de blanchâtre, de verdâtre et de roux. Elle est aplatie par-dessous, paraissant comme adhérente à la branche, un peu convexe en dessus. Les feuilles d'oranger, particulièrement leurs gouttières ou écouloirs, en sont souvent tapissés ; sa plus grande forme, dans nos contrées, est de trois lignes en longueur sur deux de largeur. Réaumur lui donne six jambes, deux antennes et une trompe, avec laquelle elle pique les branches tendres et les feuilles, pour en extraire les sucs.

Quoique je les aie examinées en masse, comme individuellement ; qu'à diverses époques j'y aie donné l'attention la plus scrupuleuse, même en les observant avec une loupe, mes soins ont été infructueux ; je les ai toujours vues collées et adhérentes aux branches ou aux feuilles, sans apercevoir aucun mouvement ; mais en les détachant avec la palette d'un greffoir, je me suis convaincu que c'étaient des êtres vivans. Ce sont eux qui terminent ou doivent terminer la chaîne des insectes ; ils rendaient, en les écrasant, une matière visqueuse et charnue.

Partout où la gallinsecte paraît, on est assuré de trouver des fourmis, non que ces dernières attaquent ou incisent les feuilles avec leurs pinces, mais parce qu'elles se nourrissent du miélat que la première pompe, ce qui affame les gallinsectes, qui piquent ou aspirent continuellement les parties où elles sont fixées et qui les font périr. En détruisant les gallinsectes, les fourmis se retireront.

Plusieurs auteurs soutiennent que les fourmis ne font aucun mal aux arbres, d'autres assurent le contraire; dans ce conflit d'opinions divergentes, j'ai cherché à m'instruire de la vérité, dégagé de tout système comme de toute prévention.

J'ai vu et itérativement observé des groupes de fourmis attachés à des bourgeons de pommiers et de poiriers qui ne commençaient qu'à poindre ou à se développer pour constituer une branche (lambourde ou brindille); je n'ai aperçu ni gallinsectes ni pucerons, et les fourmis n'en ont pas moins rongé les extrémités et fait avorter les pousses.

La gallinsecte est produite d'abord par un germe ou par des œufs qui ressemblent à des excrémens de mouches; je ne connais pas son insecte parfait, quoique je sois persuadé qu'elle doit être produite par lui. Je donne pour cause de son établissement sur les arbres qu'elle attaque spécialement, une extravasion de sève ou une mauvaise élaboration.

Si elle attaque un oranger, on doit avoir la précaution d'en enlever tous les individus, de les écraser, et même de chercher à découvrir dans les racines si une nichée d'insectes ne lui serait pas nuisible, ou bien si la terre ne serait pas entièrement épuisée de sels; alors il faut lui en donner promptement une nouvelle, formée moitié en terreau de moutons ou en poudrette, et moitié d'une qualité forte et substantielle, et l'accompagner d'un copieux arrosement d'eau de fumier où l'on aura fait infuser et délayer de la bouze de vache fraîche.

Pucerons.

Il y en a de plusieurs couleurs, de diverses formes, comme de différentes grandeurs. Leur présence est toujours nuisible; elle est le diagnostique le plus certain d'une affection dans un végétal; elle est presque toujours produite, ou par une forte gelée pendant la fermentation de la sève, par une bruine froide ou par un vent du nord qui succède immédiatement à un vent du sud.

Les pêchers, les abricotiers, les pruniers et les cerisiers sont les espèces qui y sont les plus sensibles et sur lesquelles une répercussion de sève dégénère ou devient souvent une maladie mortelle; elle produit la gomme et la cloque, qui attirent et nourrissent les pucerons; ceux-ci, à leur tour, sont bientôt sucés par les fourmis, et les feuilles piquées continuellement deviennent désagréables à la vue, par les intumescences qui s'y forment; alors si on n'applique de prompts remèdes, les arbres se dessèchent et périssent.

J'ai dit, en parlant de la cloque survenue aux pêchers, ce qu'il fallait faire pour dilater les canaux séveux, en les frictionnant fortement. A présent, il importe d'écarter les pucerons, d'empêcher leur extrême et rapide multiplication, et de s'en défaire.

Dans un tonneau défoncé, dans une banne (cornue) ou dans un baquet, quel qu'il soit, on fera infuser pendant cinq à six jours, exposée au soleil, une quantité d'herbes à odeur forte et aromatiques : de la sauge, de la menthe, des feuilles à tabac, de la moutarde, du thym, de la sarriette, de la rue, de l'hysope et de toutes celles qui seront à la disposition de celui qui doit agir ; on en retirera quelques pintes dans un vase ouvert par le haut, et avec un petit balai ou un goupillon on en aspergera toutes les parties cloquées fournies en pucerons.

On renouvellera ce procédé deux ou trois fois dans un court espace de temps. Les pucerons ayant péri et les fourmis étant expulsées, les arbres reprendront leur vigueur, en se garnissant de feuilles nouvelles et en poussant leurs bourgeons.

Perce-Oreilles.

Les perce-oreilles, connus de tous les fleuristes ainsi que des maraîchers, parce qu'ils dévorent les œillets, les jeunes plants de giroflées quarantaines, ceux des choux, etc., méritent toute l'animadversion des amateurs.

Se reproduisant avec une extrême rapidité, dans leurs excursions nocturnes ils éveillent la sollicitude des jardiniers pour leurs semis, et ils épuisent la patience du fleuriste.

Ils se cachent en famille, pendant le jour, à

peu de distance des semis, et ils s'attachent par bandes sur les jeunes plants, qu'ils étêtent.

Lorsqu'on s'est aperçu de leurs irruptions, on n'a qu'à fouiller dans le voisinage, à peu de profondeur, et on est assuré de découvrir les nichées, au milieu desquelles se trouve toujours le vieux couple qui les dirige dans leurs courses.

Quand ils sont grands et qu'ils ont échappé à notre surveillance, il n'y a qu'à faire de petits creux de distance en distance dans les carrés ou dans les tables, et les couvrir avec des feuilles de choux ou un morceau de volige; ils iront s'y blottir par bataillons; alors, chaque jour on les écrase, jusqu'à ce que l'on n'en voit plus.

Fourmis.

Dans les parterres, comme dans les jardins fruitiers et potagers, il n'y a que la petite fourmi rousse qui est à redouter, parce qu'elle ronge l'écorce des choux repiqués et tous les quarantains. Les fourmis attaquent les fruits à l'époque de leur maturité, établissent souvent leurs fourmilières au pied des arbres et les font mourir.

On ne peut s'en défaire qu'en découvrant leurs demeures, en y mettant le feu ou en y versant de l'eau bouillante, ce qui souvent fait périr les plantes du voisinage; mais il faut se résoudre à quelques sacrifices.

La suie et la cendre ne les arrêtent que pendant deux ou trois jours, et souvent ces remèdes sont pires que le mal qu'on cherche à éviter, puisqu'ils sont nuisibles aux jeunes semis.

Punaises des plantes, Hannetons, Taons, Vers turcs.

On doit exterminer ces insectes toutes les fois qu'on les rencontre, notamment le ver turc, qui est roux, d'un pouce de longueur et toujours dans la forme d'un croissant; il coupe, entre deux terres, toutes les plantes grasses, comme salades, pois, etc. Il voyage la nuit et pendant le jour; il se tient au pied de la plante qu'il a coupée.

Les larves du hanneton rongent les racines des arbres; on les trouve en quantité dans les couches et les terreaux. Il faut les chercher et les écraser.

INSECTES UTILES.

Abeilles.

Toutes les espèces animales, hors celles que les hommes ont dégradées en les soumettant à l'esclavage, guidées, dans les opérations de leur existence, par des lois invariables inspirées par la nature, que nous appelons instinct, parce qu'elles n'éprouvent pas des modifications et altérations, sont assujéties à un ordre qui est propre à chaque genre et à chaque espèce.

Je ne suivrai pas les entomologistes, tant anciens que modernes, dans le gouvernement des abeilles, ni dans toutes les merveilles qu'on leur prête. L'agréable fiction que Virgile a employée, dans ses Géorgiques, sur les abeilles d'Aristée, est connue des littérateurs; je renvoie ceux qui ne la connaissent pas à l'élégante traduction de l'abbé Delille, ou à l'original.

La famille des abeilles peut s'établir de plusieurs espèces, qui toutes ont à-peu-près les mêmes caractères, les mêmes affections, les mêmes besoins et le sentiment de leur conservation et de leur reproduction.

Deux espèces habitent nos montagnes : la grosse qui est plus rousse et plus longue, et la petite plus noire et plus leste. Toutes les deux se recommandent à nos soins, par la délicatesse de leur miel et par un travail aussi constant que pénible.

Laborieuses, et pour ainsi dire infatigables pendant toute la belle saison, elles exigent, de notre prudence, de n'être pas entièrement dépouillées de leurs provisions avant que le retour du beau temps ne soit assuré, ni de ne pas les trop fatiguer, parce qu'on courrait le risque, ou de les perdre, ou de les irriter; dans ce dernier cas, elles se sacrifieraient jusqu'à la dernière, pour conserver leur liberté et ce qu'elles savent avoir légitimement acquis.

Le vulgaire croit communément que les abeilles d'une ruche sont gouvernées exclusivement par une reine; que toutes sont soumises à sa volonté suprême, ou à ses ordres absolus; qu'elle a une cour pareille à celle des empereurs ou des rois;

que les bourdons qui rôdent autour de son palais sont ses courtisans.

Comme on aime à se faire illusion sur sa manière d'être, par la comparaison, et que tout ce qu'on ignore ou qu'on ne peut expliquer on l'enveloppe de merveilleux, pour s'étourdir sur sa situation propre, je vais tâcher de faire l'analyse du gouvernement d'une ruche.

De l'Habitation commune.

Les meilleures ruches à employer sont celles que les abeilles nous indiquent elles-mêmes lorsqu'elles essaiment; et si elles s'échappent furtivement ou à l'improviste, elles vont toujours se fixer ou dans un arbre creux, ou dans quelque trou de rocher ou d'un vieux bâtiment, si elles ne trouvent pas de forêts ou des arbres à leur bienséance; mais elles donnent la préférence à un local abrité des grands vents.

Si elles n'ont pas été fatiguées ou tourmentées, l'essaim émigrant ne s'éloignera guère de la ruche natale; alors on peut le ramasser facilement, cependant avec quelques précautions, qui sont de les faire remiser, avant l'entrée de la nuit, dans une ruche enduite ou frottée intérieurement avec des plantes aromatiques, ou avec des fleurs de fève, si cela se rencontre dans la saison, et si l'on en sème dans le domaine.

L'habitation qui leur convient le mieux, dans nos climats froids et pendant nos longs hivers,

est un arbre creux, de trois pieds à trois pieds
et demi de hauteur, et de dix à douze pouces
de diamètre. Ceux de chêne ou de frêne doivent
être préférés, parce qu'ils sont moins sujets
à être fendus par la chaleur du soleil, qu'ils
sont ordinairement plus ronds, durent davantage et sont plus impénétrables aux fortes gelées.

Les ruches à tiroir ou à hausse, à bonnets,
etc., telles que celles dont on se sert aux environs de Paris et dans le midi, ni même celles
faites en planche carrément, quoiqu'on emploie
souvent ces dernières dans nos contrées, ne
conviennent pas à nos climats.

Discuter les motifs de cette assertion, cela
m'amenerait trop loin; mais on se convaincra de
la solidité de mon avis, par l'épreuve et par la
comparaison.

Ce que je pourrais dire de plus plausible,
c'est qu'en tout il ne faut guère s'écarter de la
marche que nous indique la nature, et je crois
l'avoir démontré dans tous les objets d'agriculture ou d'économie rurale que j'ai traités.

La grosse abeille de nos montagnes est plus
facile à irriter que toutes celles qu'on élève sur
les bords de la Seine; la première, moins assu-
jétie au déplacement, est plus indépendante,
plus fière et plus jalouse de la liberté; respirant
un air pur et se répandant sans obstacles dans les
campagnes fleuries, depuis la fin de mai jusqu'à
la fin de septembre, elle n'aime pas à être tra-

cassée ; aussi sa piqûre, lorsqu'on la fatigue ou qu'on provoque sa colère, est très-dangereuse ; il n'y a que l'alkali volatil fluor, versé sur la plaie après en avoir tiré le dard , qui puisse arrêter l'inflammation.

Un essaim d'une bonne ruche est ordinairement composé de 18 à 20,000 abeilles (dans nos climats), à moins qu'on n'emploie des ruches à bonnet ou à tiroir, qui ne peuvent pas exister long-temps , parce qu'elles sont trop petites, et fournissent d'ailleurs peu de miel.

Dans le milieu de la ruche et du couvain habite ce qu'on appelle la reine , qui n'est autre chose qu'une femelle ; et dans les grandes ruches, il s'en trouve quelquefois deux , mais qui ont leur habitation séparée.

Au lieu de commander despotiquement, elles sont, au contraire, esclaves des ouvrières ou travailleuses, qui n'ont point de sexe , parce qu'avant de faire éclore les œufs , elles emploient la castration, et ne laissent de bourdons et de femelles qu'autant qu'il en faut, ou pour former des colonies, ou pour entretenir le nombre d'abeilles suffisant pour les travaux et la population de la société ; aussi les appelle-t-on des mulets.

Les bourdons , qui sont les mâles, restent en nombre déterminé pour la fécondation de la femelle, ou des femelles ; car leur gouvernement est l'opposé de ceux des peuples d'orient. Les

Musulmans ont des sérails pour leurs plaisirs ; dans les ruches, ce sont au contraire les femelles qui ont un sérail de mâles pour la propagation de l'espèce, et une nation d'eunuques pour les garder.

Les bourdons, quoique plus gros que les eunuques, le sont moins que les mères, mais ils sont aussi esclaves ; ils ne peuvent sortir de la ruche sans le consentement de la nation, parce qu'ils sont exclusivement destinés au plaisir des femelles et à la reproduction de la race.

La mère et les bourdons sont nourris et soignés sans rien faire, ils n'ont d'autres occupations que celle de prendre leur plaisir ; mais aussitôt que l'acte de la fécondation est accompli, et que les femelles ont fourni la quantité d'œufs proportionnelle à l'étendue de la ruche, ou aux projets de colonisation, par arrêt du conseil national, tous les sybarites, courtisans oisifs et consommateurs, sont exterminés.

Lorsqu'un nouvel essaim, au lieu d'aller chercher une autre habitation, demeure dans la ruche natale, soit par la difficulté d'un temps opportun pour son départ, soit pour toute autre cause, la mésintelligence s'établit dans le corps social, la guerre civile s'allume, et ne finit que lorsque les combattans sont fatigués de guerroyer et de s'entretuer, et que la ruche est réduite au nombre nécessaire d'habitans pour conserver l'harmonie ; ils font un traité de paix, ou plutôt une trève qui dure une année, c'est-à-dire, jusqu'à ce qu'une nouvelle génération vienne troubler l'ordre établi ; alors les hostilités recommencent, s'il n'y a pas d'émigration ou de colonisation.

Ce qui est admirable et conforme à l'équité naturelle, c'est que toute la population d'une ruche, hormis la femelle et les bourdons, s'occupe continuellement pour l'intérêt commun, sans autre interruption que celle du mauvais temps ; le travail est distribué avec une telle impartialité que tous les mulets se soumettent sans contrainte à celui qui leur est assigné. Les paresseux sont chassés ou mis à mort, et leur jugement est sans appel.

Si un ennemi, frelon ou guêpe, vient butiner ou marauder autour ou dans la ruche, aussitôt une cohorte s'empresse de défendre l'accès de l'habitation ; et s'il y a pénétré, il succombe bientôt sous le nombre.

Chaque curie a son travail propre et distribué entre le nombre des individus qui la composent : les uns pour chercher le propolis ou la gomme afin de boucher les trous et les fentes, ou bien pour enduire les parois intérieures de la ruche et appliquer les rayons ou gâteaux ; d'autres, pour se procurer la cire à construire les alvéoles ; les troisièmes, pour dégager et décharger les pourvoyeurs ; les quatrièmes, pour fournir la mélasse, et les cinquièmes, enfin, pour la distiller, en la changeant en miel.

Les alvéoles ne sont pas toutes de forme exagone, mais elles ont toutes des formes géométriques qui, sans crayon, sans compas et sans équerre, sont exécutées par chaque abeille avec plus d'exactitude que ne feraient beaucoup de prétendus architectes, dont toute la science consiste souvent à faire des images.

Quelle que soit la base et la hauteur déterminée pour chaque rayon, il ne croulera jamais par un vice de construction, et toutes les proportions y sont conservées avec une sagesse et une sagacité inconcevables.

Tous les couloirs, les passages, les entrées, les issues, les moyens d'y conserver une température réglée, sans obstruction et sans encombrement, devraient servir au moins de modèles à ceux qui s'occupent de constructions publiques ou privées.

Malheureusement les abeilles, comme toutes les autres espèces animales, ont grand nombre d'ennemis, même dans leur famille ou dans leur genre. Il en est une espèce qui, se croyant privilégiée et spécialement destinée à beaucoup consommer sans faire autre chose que marauder ou usurper le fruit du travail de celles qui suent sang et eau pour ramasser des provisions, abusant de sa force, attaque les pourvoyeurs isolés ; quelquefois elle porte l'audace jusqu'à s'introduire dans le magasin commun : ce sont les frelons, êtres parasites et méchans; ils ne s'occupent point de travailler pour subsister, mais ils dévorent la subsistance des autres.

Ce sont eux qui portent le désordre dans toute l'administration publique, parce qu'ils tiennent en alerte et sur le qui-vive une partie de la population, distraite des travaux communs pour se mettre en garde contre les irruptions de ces oppresseurs; et il n'y a que la réunion d'une quantité considérable de mulets ardens à soutenir leurs droits de propriété, qui puisse les mettre à l'abri des prétentions injustes de ces usurpateurs impitoyables.

Une chose importante à apprendre à tous ceux qui ne connaissent point les abeilles, c'est que la nature ne les a pas créées pour un seul but; elles sont encore destinées à féconder les fruits.

Mal-à-propos on les chasserait d'un jardin fruitier, potager ou d'un parterre; en parcourant les fleurs, elles s'insinuent dans leur calice pour en extraire le miel et la cire, elles se chargent de pollen ou de matière fécondante, qu'elles répandent dans le pistil de celles qui n'auraient pas accompli l'acte de la reproduction, et en secouant les étamines, elles hâtent la fécondation.

J'ai vu des ignorans qui les pourchassaient, dans la croyance qu'elles nuisaient aux fleurs; tandis que toutes leurs actions, inspirées par la providence, ont un but déterminé pour l'utilité générale.

Sans doute que , douées comme les autres espèces qui ne se sont point écartées des voies que la nature leur a indiquées pour pourvoir à leurs besoins et se soustraire à tout ce qui leur est nuisible , de ce discernement inné qui doit diriger toutes leurs actions ; forcées d'obéir à la nécessité que les hommes leur ont imposée, de leur fournir la plus précieuse partie de leurs travaux , par un tribut aussi injuste qu'il est forcé , elles sont obligées d'avoir recours souvent à des ressources dont l'indépendance les aurait dispensées , en s'attachant à des alimens qui ne leur sont pas propres ; aussi les hommes reçoivent-ils souvent la juste récompense de leur usurpation.

Ceux qui ont lu l'histoire savent que, du côté de Trébisonde, dans une partie de l'Asie mineure, et plus particulièrement dans le royaume de Pont, il se trouve diverses plantes, des fleurs desquelles les abeilles sont fort friandes , mais dont le miel qui en est extrait par elles est un poison, ou provoque la fureur. En lisant l'histoire ancienne , on verra qu'à la retraite des dix mille Grecs, opérée par Xénophon qui les commandait, l'armée ayant traversé les défilés difficiles de l'Asie mineure , obligée de se nourrir de ce qu'elle trouvait, mangea du miel de ces contrées , et que tous les individus qui ne furent

pas discrets ou tempérans dans cet aliment éprou-
vèrent des convulsions frénétiques qui faillirent
à compromettre leur existence ; alors il est de
fait que ce qui est extrait d'une plante, même
par les abeilles, peut nuire, tandis que ce qui
provient d'une autre est un remède excellent.

*Noms des arbres et des plantes dont les fleurs
sont nuisibles aux Abeilles.*

Les fleurs qui les empoisonnent, ou qui leur
donnent la dyssenterie ou le flux, sont celles du
narcisse, de l'orme, du sureau, de l'arroche
puante, du cornouiller sanguin, du lauréole (bois
gentil), de tous les daphnés, de l'apocin des bois,
de la rue, de la jusquiame, de l'ellébore noir,
des solanées, surtout de celles du *dulcamara*
(douce-amère), de la morelle grimpante, de la
tithymale, des tilleuls, des ifs, de la sabine, de
l'armoise, de la matricaire, de l'ail, de la ciguë,
de la renoncule des prés, de l'aconit, de tous les
sumacs, même de celui des corroyeurs (*rhus
coriaria*), de tous les lauriers-roses, et du laurier-
cerise, des rhododendrons et des chamær* oden-
drons (*chamerodendros pontica*) (1), c'est le

___

(1) Plusieurs naturalistes, tels que Dioscoride, Pline, Colu-
melle, le P. Lambert, Linné, Tournefort, l'historien géographe
Diodore de Sicile, Contardi, Duchet, Rocca et autres, ont
pensé que le miel qui causa une grave indisposition aux dix mille
Grecs commandés par Xénophon, lors de sa retraite par l'Asie
mineure, provenait des fleurs du chamærodendron, qui est le
laurier jaune, abondant aux environs de Trébisonde et du royaume
de Pont. Il paraît que c'est le même que les Mingreliens et les
habitans de la Colchide appellent *oleandro griallo*.

laurier jaune , que les Turcs appellent ægole-thron. Ces derniers arbres ne sont que dans les jardins des amateurs.

Les fleurs des pêchers sont aussi nuisibles aux abeilles, malgré qu'elles y courent avec avidité, parce qu'étant des premières à éclore, elles les purgent.

Comme elles sont extrêmement friandes de la fleur des tilleuls, qui leur donne un dévoiement à les faire promptement périr si elles n'y apportent remède, il est important de poser autour des ruches, pendant la floraison de cette espèce et de celle de l'orme, une assiette avec de l'urine, sur laquelle elles se jettent en foule, aussitôt qu'elles se sentent prises de cette maladie. C'est un vrai spécifique qui leur rend bientôt la santé.

Presque toutes les fleurs des plantes ci-devant dénommées leur donnant le flux, si on ne peut les extirper du voisinage, il faut au moins secourir les insectes qui sont affectés de maladie, en mettant à leur portée un remède qu'ils savent s'administrer, tant la nature les a pourvus du discernement nécessaire à leur conservation.

Nom des arbres et des plantes qui doivent être multipliés, parce que leurs fleurs sont utiles aux abeilles et qu'elles y font une récolte abondante.

Celles de l'amandier, du cerisier, du merisier, des abricotiers , des pruniers , des peupliers , surtout du *populus tremula* , du saule marceau , des coudres, des genêts, de l'aubépine, du chèvre-feuille, du framboisier, du *bignone catalpa* et du *bignone radicans* (ils sont encore rares), du frêne à fleurs et à pétales *(fraxinus ornus)*, des seringas, des roses simples, de celles de tous les mois, des églantiers, des coignassiers, des bruyères, des buis, des groseillers, du myrobolan, de la citronnelle, des romarins, de la mélisse, de la lavande, des mauves, des liserons, des frai-siers, des verges-d'or, des campaniformes, des crucifères (1), des ombellifères, des bourraches, des sauges, du thym, du serpolet, de la bétoine, de la menthe, du melilot, du tournesol, de toutes les papillonnacées, de la roquette, du trèfle, du bouillon-blanc, de toutes les cucurbi-tacées, du mille-pertuis, de l'hysope, de l'ancolie, des œillets, des giroflées, des muguets, des pavots, des coquelicots et de toutes celles où elles courent de préférence, mais qui ne leur sont pas nuisibles.

J'ai souvent observé des abeilles sur l'apocin (gobe-mouche); j'ai pensé qu'elles y allaient chercher cette matière gluante et visqueuse qu'il produit, pour s'en servir comme de la propolis.

---

(1) Les plantes crucifères sont : tous les choux, raves, navets, la roquette, etc. (*Tetradydamie* de LINNÉ).

Les ombellifères : le persil, le fenouil, les carottes, l'angélique.

Les monopétales : les liserons et les courges, melons, gourdes, giraumonts, cucurbitacées.

Les papillonnacées : les pois, vesces, gesses et toutes celles qui représentent un papillon.

Si toutes les plantes que je viens de désigner, et qui se trouvent ou dans les jardins des amateurs ou dans nos vallées, sont utiles aux abeilles, il importe de les propager en les plaçant à peu d'éloignement des ruches ; et lorsqu'on aura observé qu'elles se portent sur quelques espèces plutôt que sur d'autres, et que le miel qu'elles ont produit a gagné en qualité, alors il faut multiplier autant que possible celles qui paraîtront leur convenir le mieux.

A l'égard des plantes de nos hautes montagnes, en faisant quelques excursions pendant leur floraison, il ne sera pas bien difficile de connaître et de distinguer celles qui les attirent de préférence, et où elles se chargent le plus promptement ; dans ce cas, il sera nécessaire d'en transplanter ou d'en semer les graines aux environs des habitations, et elles pourront servir à deux fins ; car les espèces dont les abeilles sont friandes, sont aussi celles que les moutons préfèrent.

Il faudrait même mélanger ces plantes de telle manière que, pour les trois saisons, dans nos vallées, et pour les deux, sur nos montagnes, les fleurs pussent se succéder, afin de leur fournir des alimens permanens.

On sait que, dans la région où la vigne est cultivée, elles commencent à courir vers la poussière des noisetiers depuis le 1.ᵉʳ mars, puis sur les groseillers, successivement sur les autres fleurs et sur les autres fruits, jusqu'aux vendanges ; mais dans nos régions élevées , elles n'ont que quatre mois de travaux, depuis la mi-mai jusqu'à la mi-septembre. Si alors elles n'ont pas fait leurs provisions , elles risquent de jeûner long-temps et d'être réduites à la ration; dans ce cas, il faut être discret dans la soustraction du miel, parce qu'on les exposerait à mourir de faim.

Si la température est plus égale dans nos vallées, si elles ont plus de temps pour s'approvisionner, aussi les hivers étant plus âpres, elles consomment davantage, surtout si le pays n'est pas couvert de neige pendant la mauvaise saison; tandis que sur les hauteurs, groupées dans les ruches, engourdies et transpirant peu, elles consomment beaucoup moins.

Il y a des personnes qui croient que la fleur du buis leur est nuisible; si ces personnes avaient parcouru le Vivarais, les Cevènes et tous les pays méridionaux, où les buis sont abondans; qu'elles eussent fait usage des miels de la Provence comme de celui du Languedoc, surtout de ceux de la Gorce, des Bouttières, de Bouquet et de tous les versans du sud de la chaîne du Mezin et du Pyla, elles se fussent convaincues que le miel de ces contreés sent le buis à plein nez, qu'alors ces fleurs ne peuvent nuire aux abeilles qui l'ont distillé.

Je pense même que le miel extrait des buis est excellent pour adoucir et couper les tisanes des plantes antisyphilitiques, parce qu'il porte avec lui un sudorifique des plus propres au traitement de ces maladies.

Comme ces insectes vont quelquefois courir bien loin pour se procurer des alimens, lorsque la saison des fleurs est passée dans nos vallées; qu'alors ils sont exposés à une infinité de dangers, soit de la part des oiseaux qui leur font la guere, soit des guêpes, soit enfin du long trajet qu'ils sont obligés de faire et dans lequel ils peuvent être surpris par des orages, il convient de semer, à proximité de leur demeure, des plantes dont les fleurs se succèdent, et qu'il y en ait pour toutes les saisons.

Il en est de même pour les herbes médicinales; il faut les multiplier autant que possible, parce qu'indépendamment de l'usage qu'en font les hommes, les ruminans les mangent et s'en trouvent bien.

OENOLOGIE.

Culture de la vigne dans le Velay et pays limitrophes.

Je me garderai bien de chercher à connaître l'époque à laquelle on pourrait faire remonter la culture de la vigne, non-seulement en France, mais même dans tout l'Orient. En comparant les notes chronologiques avec les fictions des mythologues, je ne ferais qu'embrouiller une matière déjà assez abstruse par le merveilleux dont on l'a voilée; je me fixerai donc à ce que la nature, la raison et une vérité mathématique me présentent.

Que Bacchus soit un être idéal ou un ancien législateur, ou qu'il soit le Noë de notre chronologie, n'importe; unis ou séparés, ils n'ont jamais été les premiers à planter et à cultiver la vigne, ni à exprimer les raisins pour en extraire le jus.

La vigne est inhérente à notre planète, ainsi que toutes les autres plantes qui existent; et comme ni Bacchus ni Noë n'ont pas été le type du genre humain; qu'ils avaient succédé l'un et l'autre à de nombreuses générations, le raisin n'avait pu échapper aux regards de leurs prédécesseurs, parce que sa forme, ses diverses couleurs, l'instinct même les auraient portés à en faire la dégustation, si d'ailleurs ils n'avaient pu observer les animaux sauvages et les oiseaux courir en foule vers lui pour en faire leur pâture.

J'ai vu dans plusieurs forêts du midi, particulièrement dans l'île du Rhône appelée Camargue, à l'embouchure de ce fleuve dans la Méditerranée (golfe de Lyon), des ceps venus spontanément, qui grimpaient et s'étendaient en guirlandes sur les arbres; j'ai mangé de leurs fruits, un peu acerbes à la vérité, mais que j'aurais trouvé délicieux si je n'avais connu ceux qui étaient soumis à la culture; et comme il faisait une chaleur suffoquante lorsque je par-

courus cette île, accompagné de quelques amis,
et que l'eau n'y est pas potable, étant saumâtre,
nous exprimâmes dans un grand vase quelques-
uns de ces raisins et nous en bûmes le vin,
je ne dirai pas avec plaisir, mais sans répugnance.

Noë n'a pu replanter la vigne, qui déjà avait
existé, parce qu'il aurait fallu qu'il eût renfermé
dans l'arche ou des crossettes ou des cépées, qui
n'auraient pu conserver leurs facultés germina-
tives pendant un an qu'il y demeura enfermé,
lesquelles se seraient moisies dans l'humidité ou
pourries dans l'eau; que d'ailleurs ce n'était pas le
seul arbre ou arbuste utile et nécessaire à tout
ce qui a vie, et qu'alors Noë aurait dû s'approvisionner des graines ou des plants de tout
ce qui aurait pu reconstituer les forêts qui
couvrent la terre ; ce qui rendrait Noë et sa
position tout-à-fait impossibles à expliquer. Or,
la surface du continent n'avait pas besoin de lui
pour se recouvrir de verdure et de grands végétaux. Les localités élevées, qui furent les premières dégagées des eaux, reprirent leur ancienne
fécondité et conservèrent intacts les arbres dont
elles étaient garnies. Les graines des autres
espèces, ayant surnagé et échappé à la submer-
sion, germèrent, et dans dix ou douze années,
de grandes surfaces eurent repris leur premier
état, peut-être même avec avantage, s'étant
imprégnées et chargées d'un limon fécondant.

Que la vigne cultivée en grand, c'est-à-dire,

en vignobles, l'ait été en France, ou par les Phocéens, ou par les Romains, ou antérieurement par quelques-uns des Gaulois, qui, de de retour de leurs irruptions ou excursions en-delà des Alpes, en avaient apporté l'usage dans leur pays natal, elle n'en remonte pas moins à une époque ancienne (à plus de deux mille cinq cents ans).

Pas de doute qu'elle n'ait été spontanée dans le bassin de la Méditerranée, parce que les pepins, qui sont ses vrais germes reproductifs, ont pu être amenés sur nos rivages par les tempêtes, ou des côtes d'Afrique, ou de celles de Syrie, ou enfin des îles de l'Archipel grec, où la vigne a été connue depuis une infinité de siècles.

Si sa culture, en remontant la fissure du Rhône jusqu'à Lyon et à Genève, a bifurqué à gauche en suivant les rives de la Saône, elle a eu bientôt franchi le petit espace qui sépare le Beaujolais des rives de la Loire; et de là elle est parvenue successivement jusqu'au bas de Chadron (Collange), où s'arrête son stationnement; et en remontant l'Allier par la Charité, ou par son confluent avec la Loire, elle est aussi arrivée graduellement jusqu'à Alleyras, où elle s'est arrêtée, quoiqu'elle eût pu aller encore jusqu'à Saint-Haon, mais sans beaucoup de succès.

Elle a été introduite par deux ou trois espèces

primitives , et la multiplicité des cépages est arrivée successivement et sans discernement de la part de ceux qui les ont importés ; c'est-à-dire, sans savoir s'ils pourraient s'y alimenter et y acquérir leur maturité manducable ou vinaire.

L'époque de son introduction n'est pas connue, et quoique les documens que nous avons remontent fort haut dans le gouvernement des Francs, je la crois encore antérieure. Je pense que les colonies romaines l'avaient cultivée dans le Velay, quoique aucun écrit ne puisse l'attester ; ce qui étaye mon opinion, c'est que les Francs, pendant les deux premières races de leurs rois, ne se sont occupés que de la guerre, de conquérir ou de défendre leurs conquêtes, et ils laissaient à nos Gaulois aborigènes les soins de la culture des terres, pour fournir à leurs besoins.

L'étude des sciences fut reléguée dans les cloîtres ; mais l'application aux arts, à l'industrie et aux travaux champêtres avait été laissée en apanage à ces illustres et formidables Gaulois dont le nom seul avait fait maintes fois pâlir les Romains jusques dans le capitole ; ces Gaulois réduits à l'esclavage, d'abord par les conquérans du monde, qu'ils avaient fait trembler quelques siècles auparavant, se voyant trahis par les divitiats et par d'autres ambitieux, ne surent ajourner leurs discordes civiles pour résister aux légions de César et de ses successeurs, qui les subjuguèrent ; abrutis ensuite par leurs oppresseurs, ils n'opposèrent qu'une faible résistance aux débordemens des Suèves, car jamais les hommes de glèbe ne prennent volontairement le parti des tyrans qui les oppriment; en effet, il leur importe peu que leurs dominateurs soient vainqueurs ou vaincus, puisque leur condition ne saurait être pire, à moins de leur ôter la vie, ce qui n'est pour eux que la cessation des souffrances.

La culture de la vigne, quoique pratiquée dans le Velai depuis plusieurs siècles, ne s'est point améliorée; elle est encore telle que la donnèrent les premiers planteurs, et elle s'est transmise de générations en générations, sans le moindre progrès (1).

On fait des chausses ou fosses, dans lesquelles on fiche des maillots, ou on y plante des barbues (chevelées) de toutes les espèces indifféremment, sans observer aucun aspect, ni la direction et les abris qu'exige leur premier âge.

On plante, cela suffit : voilà toutes les conditions remplies. On taille toutes les espèces également en onglet, de la même hauteur, et en laissant à chaque cep la même quantité de bourgeons et de coursons, sans examiner leur vigueur, et la section tournée indifféremment du côté du bourgeon, que l'expansion de la sève éborgnera en le faisant avorter, ou du côté

____

(1) Je crois plus encore : je suis persuadé qu'au lieu d'avoir gagné par l'expérience, nos ignorans vignerons ont totalement dégénéré de leurs aïeux dans les travaux agricoles.

opposé , suivant que la main de l'ouvrier se présentera.

Les labours , façons et binages se font quand le vigneron a besoin de s'occuper, et non quand la vigne l'exige. On taille, par exemple, quelque froid qu'il fasse, en janvier et en février, n'importe le temps, c'est l'emploi des journées qui guide. On rechausse, ou on fait le premier labour (fouison) depuis le moment de la taille , jusqu'après que les bourgeons sont développés , quoiqu'on soit convaincu qu'alors on vendange en herbe le quart de la vigne, en faisant sauter les nouvelles pousses.

Les provins se font pendant tout l'hiver , comme après que les bourgeons nouveaux ont acquis cinq à six pouces de longueur.

On bine et on lie pendant la floraison, sans autre examen que d'employer le temps de manière à ne pas perdre une journée, et la dernière façon ou binage se donne avant, pendant ou après la pluie, par un temps sec ou calme, comme pendant qu'un vent impétueux du sud achève de tout dessécher, et que les chaleurs sont excessives ; et les propriétaires urbains de se laisser guider et entraîner par la funeste routine !.......

On se plaint annuellement de la coulure, qu'on attribue mal-à-propos à des accidens inattendus , tandis que la cause physique est dans la dégénération des ceps et dans leur décrépitude. Quelques personnes à qui cette

culture est absolument inconnue, et par imitation, ont fait venir des crossettes de la Limagne,
pour renouveler leurs vignes ; il fallait plutôt
faire venir des substances propres à rétablir
des terres effritées par une trop longue succession de récoltes du même végétal ; car on appor-
terait des ceps du clos de Vougeot, de Château-
Margaux, de Côte-Rôtie, de l'Hermitage, de
l'Ednon, de Saint-Gilles, de Frontignan, de
Rivesaltes, du Bec - d'Ambès, etc., que nous
n'aurons jamais, ni la chaleur, ni le beau ciel,
ni la température d'aucune de ces contrées.

A l'égard d'un meilleur mode de culture à
suivre, on pourra l'obtenir lorsque les propriétaires des vignes chercheront à acquérir plus
d'instruction qu'ils n'en ont, et qu'ils ne se lais-
seront pas dominer et gourmander par d'in-
solens routiniers.

Quoique les gamets et les mornings blancs
(dits picardans) se soient tellement acclimatés
dans ce pays qu'ils y paraissent indigènes, je
me garderai bien de contrarier l'idée qu'ont
les propriétaires de se procurer du bon plant de
la Limagne, surtout de celui dit auvergnat, qui
est le même que le franc-pineau ; mais je n'ap-
prouverai jamais la maladresse de ceux qui les
intercalent dans une grande diversité de cépages,
ou qui les plantent dans un terrain effrité par
deux ou trois siècles de la même culture.

Je verrais avec plaisir qu'on fichât dans une

terre où depuis long - temps l'on n'eût cultivé
la vigne, du plant noir de la Limagne ; qu'on le
plaçât à des distances déterminées, bien aligné ;
qu'on assujetît tous les ceps à des échalas (6),
non pas aussi élevés que le sont ceux de l'Auvergne, mais de deux pieds et demi à trois pieds
au-dessus de la surface du terrain.

Dans un pays où les étés sont presque toujours
secs et les automnes pluvieuses, c'est une absur-
dité de croire que les raisins ont plus besoin de
la chaleur que réfléchit la terre, que de celle que
donnent les rayons du soleil ; et, par une inconséquence blâmable et en opposition à cette idée,
on plante, dans les vignes, choux, haricots,
pêchers, cerisiers, néfliers, coignassiers et autant
d'arbres fruitiers qu'on en peut trouver ; quelquefois même on y fait des pépinières qui, lors
de l'arrachage des arbres, quelques précautions
qu'on prenne, obligent à endommager les racines
des ceps.

La vigne exige non - seulement les rayons
solaires qui lui donnent de l'arôme, en élaborant
le muqueux doux sucré, mais encore la chaleur
que réfléchit la terre, qui attendrit sa pulpe et
concourt à sa maturité vinaire. Il faut donc lui
donner tous les moyens de s'en pénétrer pendant

---

(1) Nos vignes étant formées en terrasses, par la situation des
localités, l'usage des échalas devrait être plus suivi, en ne les
établissant qu'à la moitié de la hauteur parallèle aux murs ; cela
doit être relatif, car si les murs étaient très-élevés, il ne faudrait
pas dépasser trois pieds et demi de hauteur.

le jour, et de se dégager de la trop grande humidité que conservent et aspirent une multitude de plantes rameuses.

Je conçois bien que celui qui ne possède qu'une petite propriété complantée en vigne, telle que celles qu'on voit autour du Puy, voudrait y réunir toutes les cultures pour augmenter ses jouissances; mais alors il faut sacrifier l'utilité à l'agrément, ne considérer nos vignobles que comme jardins et les traiter en conséquence.

Si nos vignes étaient plantées dans un terrain granitique, que le sol végétal eût trois à quatre pieds de profondeur, et que la surface fût couverte de beaucoup de cailloux, je croirais qu'on pourrait se passer d'échalas, en tenant les ceps un peu plus élevés qu'on ne le fait; mais dans nos terres fortes, superposées à des bancs calcaires ou argilocalcaires, qui constituent presque tous les vignobles de la banlieue du Puy, y introduire d'autres plants que la vigne, c'est vouloir ruiner le terrain et récolter toujours des raisins à demi-pourris et n'ayant point parcouru les phases de leur végétation.

On est bien convaincu que les temps des vendanges sont ici presque toujours pluvieux; on ne peut aussi nier que la plupart des raisins produits par des cépages tels que le raisin de Maroc, qui est notre vermillon, (*vitis acino maximo violaceo*), la rochelle verte, qui est la sauvigne (*vitis acino rotundo albido dulco acido*),

tous les muscats (le climat ne leur est pas propre), le cornichon (il ressemble au rognon de
coq et est encore rare), le verjus ou grey (on
le confond avec le vermillon dit salé); celui-là
est très-multiplié parce qu'il produit beaucoup,
mais il ne mûrit jamais bien et il pourrit annuellement : on est même souvent obligé de le récolter
avant les vendanges ; on en fait du vin détestable,
que beaucoup de gens trouvent excellent parce-
qu'ils ont un goût exquis ; le rognon de coq (il
y en a du blanc et du noir), il est inacclimaté ;
toutes ces variétés réunies au gros et au petit
gamet, au chasselas (il n'est pas commun),
au picardan, et surtout à celui appelé raisin du
pays, qui a les baies rondes, petites, d'un goût
très-acerbe, parce qu'il est un produit spontané
provenu de pepins , et qui , sans le couchage
que font nos vignerons, sans en connaître l'espèce, ne serait pas cultivable ; on ne peut, dis-je,
nier que ces espèces ne conviennent pas à nos
localités, et voilà cependant ce qui constitue
nos vignobles.

Personne n'oserait , sans doute , contester
qu'il n'existe dans toutes nos vignes moins de
huit à dix espèces ou variétés de plant ; et si
quelqu'un doutait que beaucoup de vignobles
de la banlieue du Puy soient plantés depuis
deux, trois ou quatre cents ans, sans interruption
de culture, alors les cadastres, ou des recon-
naissances en main, et divers autres documens

irréfragables , il me serait facile de convaincre les contradicteurs ou les incrédules.

Qu'on essaie de cultiver des melons, des pastèques, des concombres, des courges, calebasses et d'autres plantes cucurbitacées , dans un même terrain, le mieux exposé, et quelques soins qu'on prenne , on récoltera en général de mauvais produits; les melons et les pastèques n'auront point de saveur, et les autres n'acquerront jamais la même qualité qu'ils auraient étant isolés, parce qu'on peut être persuadé que lors de la floraison , le moindre vent communiquera le pollen ou la poussière fécondante des uns aux autres ayant les mêmes analogies.

Il en est de même des vignes; il faut donc les rétablir ou plutôt les extirper; donner à la terre cinq à six nouvelles cultures, la bien défoncer d'abord ; puis, les trois premières années, y semer des céréales, en les variant; la quatrième, y jeter des graines de trèfle et de l'avoine; et vers la fin de l'été de la cinquième ou de la sixième année, l'arracher et reconstituer la vigne, mais sur une ou deux espèces seulement, en gamets, en auvergnats ou en morillons hâtifs (le meunier est le plus précoce de tous : *vitis subirsutha acino nigro*); il est très-commun.

Agir autrement, c'est s'exposer à des chances toujours plus aggravantes. Que l'égoïsme fasse quelques sacrifices aux générations futures, et que les propriétaires prennent enfin la détermination de ne plus se laisser guider par nos vignerons routiniers qui, ni eux ni leurs aïeux, n'ont jamais su cultiver la vigne, ni faire le vin; car ils osent soutenir que la grappe lui donne de la force; et quelle force! de l'alcohol, de l'arome, du mucozosucré? ils ne pourraient le prouver: de l'acerbité, à la bonne heure.

Quand, dans un climat tel que celui de l'ancien Velay, un hiver a été peu rigoureux, ce qui est rare, dès le commencement du printemps les ceps ont fait une pousse précoce, et qu'alors, vers la fin d'avril ou pendant tout le mois de mai, une gelée intense a frappé les nouveaux bourgeons, la sève se trouvant répercutée, il faut nécessairement provoquer son ascension, pour n'être pas exposé à perdre plusieurs récoltes; on doit dès-lors s'empresser, si le temps a tourné au beau fixe, de rabattre les coursons jusqu'aux bourgeons qui auront échappé au désastre; ou bien si la vigne entière a été frappée, il est opportun d'amputer les sarmens atteints jusqu'au têtart. Il sortira une quantité de nouveaux bourgeons, et aussitôt qu'ils auront acquis huit à dix pouces de longueur, on choisira les deux qui seront les plus vigoureux, on pincera ou tordra tous les congénérés parasites ou surnuméraires, à deux ou trois pouces de leur contexture, afin de rompre les canaux séveux et de forcer la sève à prendre une nouvelle direction vers les bourgeons choisis.

Cette sève les renforcera ; ils acquerront les moyens de s'aoûter et de résister aux premières gelées de septembre ou d'octobre, et l'année suivante, la vigne sera en état de porter ; ce qui n'aurait pas lieu sans cette précaution.

On voit par là que l'ébourgeonnement sans amputation est de rigueur cette année-là ; car amputer, au moment de la grande fermentation de la sève, des arbres poreux ou à larges tissus médullaires, c'est s'exposer à les perdre.

Sans doute on ne doit pas se laisser séduire par l'esprit de système et d'innovation qui produit tant de projets brillans, d'hypothèses et de théories : mais il ne faut pas non plus fermer les yeux et les oreilles à la raison et à l'expérience, lorsqu'elles démontrent des vérités incontestables ; et, sous tous les rapports, je ne m'occuperai que d'elles, parce qu'il n'y a qu'elles qui puissent être utiles et ramener les hommes dans la ligne de leurs devoirs et de leurs vrais intérêts.

Dans les grandes vallées basses qui se trouvent au milieu de cette région montagneuse où la vigne et le maïs pourraient être cultivés avec quelques succès, toutes les surfaces planes seront conservées pour les prairies ou pour les céréales, et jamais la vigne ne doit y avoir d'accès, à moins que ce ne soit un treillage autour des habitations ou dans des jardins.

Les vapeurs immédiates qui s'exhalent, pendant le printemps, des rivières qui les sillonnent, non-seulement occasionnent la coulure pendant l'époque de la floraison, mais, par leur con-densation, rasant la superficie du sol, elles couvrent les plantes sur lesquelles elles passent d'une humidité froide qui cause l'avortement des fleurs; et si le vent tourne à l'est ou au nord-est, et qu'il rabatte ou refoule ces vapeurs dans le fond des vallées avant qu'elles aient pu se dilater, on est assuré qu'il y gelera, tandis que les coteaux qui leur sont immédiats n'auront rien éprouvé de désastreux; d'ailleurs qu'on s'inculque bien ce vieil adage : *deniquè apertos Bacchus amat colles.*

Sur les coteaux dont les terres sont le produit d'une dissolution granitique, il importe de res-serrer autant que possible les terrasses où la vigne sera établie. A l'avantage des abris, on réunira plus de moyens de subsistance, parce que plus les terrasses seront étroites, plus le terrain sera profond, et plus les murs conser-veront et réfléchiront la chaleur.

Je sais bien que dans un pays où le vin paie des droits exorbitans, indépendamment de l'impôt foncier, qui dépasse la mesure, les frais d'exploitation, qui augmenteraient par le rappro-chement des murailles et par leur entretien, ne sont pas un stimulant pour les propriétaires planteurs; mais il faut espérer que le Gouver-nement n'aura pas toujours les mêmes besoins, et que les grands tenanciers, ainsi que les fonctionnaires qui sont à la tête des administrations locales, faisant enfin parvenir la vérité au pied du trône et dans le sein de la chambre élective, alors on revisera l'injuste et tyrannique travail du fiscal Pernot.

Si les murailles exigent un surcroît de dépense pour leur entretien, elles procurent aussi plusieurs avantages qui ne sont pas à dédaigner : le premier est celui d'abriter les ceps et de rompre l'impétuosité des vents ; le second, celui de faciliter les treillages et les pendans (1), de hâter la maturation des raisins, d'empêcher la moisissure, en facilitant les échalas ou les appuis réciproques des ceps. Mais qu'on dégage autant que possible les vignes de la quantité de pêchers et autres arbres fruitiers qui les dévorent, et qui, par leur ombrage, arrêtent les progrès de leur fructification.

Si, dans les terrains graniteux et qui se trouvent peu profonds, conséquemment trop exposés à la siccité, on pouvait introduire, sans beaucoup de frais, quelques terres calcaires ou argilocalcaires, cet amalgame leur serait d'un grand secours, parce qu'il arrêterait la rapide vaporisation des eaux pluviales.

Qu'on cesse donc d'attribuer la coulure annuelle à des accidens fortuits, lors de la flo-

______

(1) C'est ce qu'on appelle, dans le dialecte du pays, *parjals.*

raison ; sans doute, les pluies d'orage, ou trop prolongées pendant l'époque de la fécondation, sont nuisibles, mais elles ne sont pas générales ; et pourtant, chaque année, nos vignes paient à peine les travaux de leur culture. Il y a donc décrépitude ; alors il faut les extirper, les renouveler, sinon en masse, du moins partiellement et graduellement.

Qu'on mette en défriche deux ou trois terrasses, de deux en deux ans ; qu'on arrache les racines par des tranchées de vive jauge, on y établira cinq à six bonnes soles de graminées ou de légumes, puis on replantera successivement la vigne, mais sur une ou deux espèces, comme je l'ai déjà dit, en franc-pineau (teinturier ou auvergnat), ou bien en gamet. Alors, non-seulement on pourra espérer de bons produits, mais encore les impôts et les droits d'entrée et de consommation seront de beaucoup diminués, si on se réunit d'intention et d'opinion pour réclamer une juste répartition.

ART VÉTÉRINAIRE. — HIPPIATRIQUE.

DES MALADIES ÉPIZOOTIQUES, DES ENDÉMIQUES OU ENZOOTIQUES, RELATIVES AUX ANIMAUX DOMESTIQUES.

Le Fourchet, vulgairement dit la Pezogne : son caractère.

CETTE affection s'annonce par les symptômes suivans : les pieds des moutons ou brebis présentent, dans leur bifurcation, de petits trous qui sont les orifices de canaux membraneux, versant dans l'intervalle des sabots une humeur grasse et onctueuse. Cette matière se rancit lorsque l'humidité ou la malpropreté favorise la putréfaction ; il en résulte des érosions qui rendent un pus caustique et visqueux : c'est le fourchet simple, ou la *pezogne* commençante. Mais si les mêmes causes continuent d'agir, que les pieds demeurent dans un fumier humide, les ulcères creusent, les cornes s'exfolient, il en sort un pus épais et puant ; les animaux éprouvent une claudication douloureuse ; la douleur produit la fièvre ; la fièvre, la maigreur et la consomption, et la mort s'ensuit.

Le traitement qui convient pour la combattre avec succès, est divisé en curatif et en préservatif : le premier est du ressort de l'artiste vétérinaire ; le second est de la compétence de l'autorité administrative locale, qui doit, aussitôt qu'elle a connaissance de la maladie, faire séparer les animaux malades d'avec ceux que la contagion n'a point encore atteints.

Toutes les bêtes infestées doivent être séquestrées jusqu'à parfaite guérison; elles doivent être déposées dans des bergeries sèches, saines et bien aérées. Les pacages communs doivent leur être interdits, parce qu'il suffit qu'un troupeau malade ait pacagé dans un endroit, pour que celui qui vient ensuite, à moins que ce soit après un grand intervalle, soit bientôt attaqué du même mal.

Il faudrait aussi bien nettoyer les étables ou bergeries dans lesquelles les animaux malades ont été déposés, soit en commun avec ceux qui étaient sains, soit séparés depuis que la maladie a été découverte et après la guérison, même les faire désinfecter, ou par un fort lavage de de chaux vive, ou par des fumigations au bon vinaigre, avant d'y en introduire d'autres.

Ces fumigations se font avec des réchauds à charbons ardens, placés au centre et aux extrémités des étables, après que les bestiaux en ont été retirés, sur lesquels réchauds on verse à plusieurs reprises du bon vinaigre, jusqu'à enfumer toute la capacité du lieu, avec la précaution d'en sortir immédiatement pour respirer l'air atmosphérique et se garantir des symptômes d'asphyxie.

Staphylôme, ulcère rongeant la cornée lucide (vitre de l'œil).

CETTE maladie a été observée d'une manière générale dans ce pays ; elle a affecté presque toutes les bêtes à cornes qui habitaient le bassin de la Loire, depuis Chadron jusqu'à Lavoûte-Polignac,

Elle peut être attribuée aux brouillards qui, dans l'année 1817, furent fréquens à deux époques : pendant le printemps et pendant l'automne.

Son traitement exige les soins de l'homme de l'art, et je ne pourrais hasarder à cet égard que quelques hypothèses.

Gale.

LA première invasion de cette maladie s'est manifestée vers le printemps de 1818, et n'a cessé que sur la fin de 1819.

Elle a dominé dans tous les cantons situés du sud à l'ouest de l'arrondissement du Puy, à partir de Fay-le-Froid jusqu'à Vergezac ; elle infecta toutes les espèces cabalines, principalement les jeunes mules et les mulets.

Sa cause est provenue de la mauvaise qualité des fourrages qui, en 1817, ne furent point récoltés sains et secs ; des mauvaises pailles délavées et dépourvues de sels , puisque la plupart des blés, et surtout les blés trémois, demeurèrent ensevelis sous la neige jusqu'à la fin de février ; d'une quantité prodigieuse de chenilles qui, ayant infecté les prairies sur la fin de l'été, furent emportées dans les granges avec les fourrages.

Les empiriques appelés au secours des malades, manquant d'instruction, au lieu de détruire ce fléau, ne firent qu'augmenter le nombre des animaux affectés par le contact, par la communication du venin, et par la sécurité des propriétaires.

Le sieur Gire, vétérinaire, ayant été appelé à temps, fit cesser l'infection par des traitemens méthodiques.

MM. les maires auraient dû, à cette époque, mettre en vigueur les réglemens de police qui défendent d'exposer aux foires et marchés, et d'amener aux pacages communaux les bêtes attaquées de maladie contagieuse.

Il importe à l'autorité supérieure de veiller à ce que les lois et les ordonnances sur la police rurale soient strictement exécutées, afin de prévenir des malheurs incalculables.

Pourriture ou Cachexie aqueuse.

Sa cause provient de la transition subite d'une zone chaude ou tempérée, comme celle de nos étables, à un air froid ; de même que du passage rapide de la nourriture aqueuse à une nourriture sèche, telle qu'on la distribue sur la fin de l'automne, en vert, ou mélangée, et de ce que ce mélange vient à manquer subitement, surtout lorsque les neiges et les froids se font sentir de bonne heure et que les frimats sont longs et rigoureux ; alors les propriétaires imprévoyans, obligés de réduire ou de diminuer la ration journalière, ont recours aux feuilles sèches, aux balles et aux résidus des blés et des légumes ; et ce qui aggrave le mal, s'il se manifeste, c'est l'abreuvage dans les étables.

Elle s'est manifestée dans les années 1817 et 1818, et plus particulièrement dans les endroits marécageux, tels que Landos, Hurtes et les environs de Saint-Georges-d'Aurat. L'Hygiène, pour les agriculteurs et pour les propriétaires, c'est d'amener graduellement de la nourriture aqueuse à la nourriture sèche, ou plutôt de tâcher de conserver, pendant tout l'hiver, des raves, des navets et des pommes de terre, pour donner en petite quantité, mélangés, ou après la pâture ; de tenir les étables sèches et dégagées de fumier.

Les traitemens doivent être non-seulement curatifs mais encore hygiéniques ; il faut pour cela une méthode qui ne peut être ordonnée et suivie que par des personnes versées dans l'art vétérinaire.

De la Morve et du Farcin.

Ces deux maladies, qui ont été regardées jusqu'à présent comme le fléau de l'espèce cabaline, surtout la première, ne sont plus aussi fréquentes sur nos montagnes qu'elles le sont sur les bords du Rhône, mais elles le seraient encore moins si les réglemens qui concernent la police ou les mesures sanitaires étaient mis en vigueur.

La contagion résulte du contact (1) et de la cohabitation, ce qui s'opère partout où les animaux infectés sont réunis, comme sur les foires et marchés, ainsi que par la transmission médiate provenant des restes de fourrages laissés, et par l'infection des râteliers et crèches, l'aspiration de l'air vicié, et tout ce qui a servi aux animaux malades.

Il importe donc aux autorités supérieures, dépositaires du pouvoir et protectrices de la société, de faire inspecter les foires et marchés, et de veiller à l'intromission de tout animal infecté.

Leurs cures prohibent les empiriques et les méthodes arbitraires; comme ces maladies peuvent se confondre avec la gourme, il est nécessaire que l'homme de l'art opère.

Le farcin est le même pour les causes et la contagion, mais ses caractères sont différens; il faut donc un vétérinaire habile pour distinguer, et les causes qui peuvent l'avoir produit,

_____

(1) Les vétérinaires et les hippiatres ne sont pas d'accord sur leur contagion; il s'est élevé, dans ces derniers temps, de grandes et profondes discussions à cet gard. Les uns les regardent comme contagieuses, les autres comme individuelles; elles n'en existent pas moins, et jusqu'à ce qu'on en ait découvert la cause, il est prudent d'empêcher toute communication des animaux infectés avec ceux qui sont sains.

et les autres maladies avec lesquelles on le confond, et les moyens curatifs.

Je ne suis pas vétérinaire, et je pense qu'on
ne me prêtera d'autres intentions et d'autres
vues que celles d'être utile, car n'y ayant aucun
intérêt personnel, il faut de la patience et du
patriotisme pour chercher à instruire certains
hommes, malgré leur volonté.

Entrax ou Charbon.

Ses symptômes : Mouvemens débilitans,
fébriles, capables de vicier les humeurs et de
produire une fièvre pestilentielle dont le charbon
est l'avant-coureur.

Cette maladie connue à temps, sa cure peut
devenir facile. Ses dangers sont la cohabitation,
le contact, les débris des fourrages délaissés
par des animaux infectés, et surtout la mani-
pulation des cuirs, et la consommation des
viandes.

Il importe d'autant plus de la connaître,
surtout de surveiller exactement l'introduction
des bêtes qui en sont attaquées, soit dans les
foires et marchés, soit dans les boucheries, que
j'ai appris dans le temps, par des propriétaires
de Chacornac, commune de Costaros, que des
bœufs qui en étaient atteints avaient été vendus
à des bouchers de notre ville.

Beaucoup d'habitans du Puy se rappellent
que M. Bonnet-Malzieu, tanneur, mourut

pour avoir manipulé un cuir infecté ; qu'un boucher de la même ville a aussi péri pour avoir écorché une vache qui était attaquée du charbon.

Les boucheries, à cet égard et sous beaucoup d'autres rapports , auraient besoin d'une inspection journalière et exacte, de la part d'un délégué *ad hoc* par l'autorité, pris parmi les hommes de l'art.

Les étables où cette maladie a paru doivent être soigneusement désinfectées.

Claveau, *Clavelée*, *Variole* (Picotte *dans ce pays*).

Maladie cutanée et contagieuse : elle affecte spécialement les bêtes à laine ; son éruption est terrible, lorsqu'elle porte un caractère malin.

Quoiqu'elle soit moins fréquente et moins dangereuse dans ces régions montagneuses que dans les pays de plaine, tant à raison de la rareté de l'air, de la fraîcheur du climat, que des difficultés qu'elle y trouve à se propager, chaque commune ayant ses pacages déterminés ou circonscrits, elle ne cause pas moins la ruine de plusieurs troupeaux, lorsqu'elle est introduite dans un canton.

Comme elle est connue de tous les agriculteurs, je ne m'occuperai pas d'en caractériser les symptômes ; il me suffira d'indiquer les moyens d'en préserver les communes voisines. Qu'elle soit observée avec des caractères malins ou benins , il faudra toujours séquestrer les troupeaux infectés , de ceux où la contagion n'aura point encore pénétré. MM. les maires feront, à cet égard, exécuter les réglemens de police.

Cette maladie qu'on peut , sans hypothèse , assimiler avec la petite vérole contagieuse dans l'espèce humaine , n'est point héréditaire ni préexistante dans la génération des individus qui peuvent en être atteints , puisque plusieurs générations successives parcourent toutes les phases de leur vie, sans en être attaquées; elle n'a donc d'effet que par introduction et communication.

Aussitôt qu'elle est découverte , on doit avoir recours aux vétérinaires , soit pour exécuter les traitemens curatifs méthodiques, soit pour arrêter et circonscrire la contagion.

Les agriculteurs aisés et intelligens doivent consulter, à cet égard, les auteurs vétérinaires, tels que Bourgelat , Chalette , Girard , Venel , Tessier , Chrétien , Gohier , Grognier , Huzard et autres.

Le moyen le plus efficace pour n'être pas exposé à de grandes pertes, c'est d'opérer la clavelisation par l'inoculation , lorsqu'on est assuré qu'un troupeau infecté peut communiquer le virus contagieux.

ITINÉRAIRE

Pour servir d'indicateur aux Naturalistes et aux Amateurs qui voudront parcourir la chaîne volcanique des hautes montagnes de la France ; chaîne qui court depuis le Puy-de-Dôme, par le Mont-d'Or, le Cantal, le Mezin ; et plus particulièrement pour le Velay.

GLOIRE et reconnaissance au célèbre Faujas de Saint-Fons qui, portant un œil scrutateur sur la nature de notre planète et sur les révolutions terribles qui l'ont agitée dans diverses époques, a analysé sa surface et exploré dans ses flancs !

C'est lui qui, le flambeau du génie à la main, fut le premier à dévoiler des secrets inconnus jusques vers la fin du 18.ᵉ siècle, et à mettre en action les corps les plus denses, comme ceux qui sont les plus fluides (1).

En établissant un systême élémentaire pour étudier les contrées que nous habitons, il l'a soumis à l'enseignement le plus méthodique comme le plus facile à concevoir.

Sans lui, les habitans de l'Auvergne, du Velay et du Vivarais ignoreraient encore si les eaux

---

(1) Ceci est une métaphore. Une action permanente existe dans la nature ; tous les corps se décomposent et se modifient continuellement ; rien ne demeure physiquement inerte.

de la mer ont couvert pendant long-temps leurs montagnes; si les marbres et les nombreuses substances calcaires qu'on y rencontre sont le produit des corps marins décomposés, agglutinés et cristallisés par le temps; si de vastes fournaises s'étant établies dans le sein de nos montagnes primitives, d'immenses creusets y ont mis en fusion toutes les masses compactes qui couvrent aujourd'hui l'ancien sol, et ont changé leur nature.

Nous lui devons la connaissance de l'ordre et de la division des roches anciennes d'avec celles de formation secondaire, et de toutes les autres, composées d'une infinité d'amalgames, cristallisées par un gluten minéral.

Il me semble revoir encore ce savant géologue, au milieu d'une coterie ignorante, recevoir avec bonté, et le souris de la pitié sur les lèvres, les lazzi des sots, lorsqu'arrêté sur la promenade d'Espaly, il leur disait : « Les rochers de Corneille et de Saint-Michel sont le résultat d'une fusion; Denize, les orgues de la Croix de la Paille, le pavé des Géans qui leur sert de base, ainsi que toutes les montagnes qui nous dominent, toutes les pierres que nous foulons, ont subi l'action d'un feu violent, allumé dans les entrailles de la terre. » L'on se moquerait encore de ses assertions, si les Hamilton, les Laplace, les Haüy, les Romé-Delille, les Ramond et une infinité de savans n'étaient venus démontrer leur véracité.

Immédiatement après Faujas, arrivèrent les abbés de Mortesaigne et Giraud-Soulavie; le premier, né à Pradelles, fut un penseur studieux qui, ayant secoué la poussière des préjugés vulgaires, osa méditer en homme. Il observa les merveilles de la nature là où ses compatriotes ne voyaient que des masses inertes; il parcourut le Velay et le Vivarais avec ce tact observateur qui est le cachet du génie. Le peu d'écrits qu'il a laissé fait regretter qu'il ne se soit pas occupé davantage d'une partie qu'il raisonnait avec autant de précision que de sagacité. Le deuxième, originaire du Vivarais, ayant conçu et saisi les principes élémentaires de la Géologie, que Faujas s'empressa de lui donner, explora son pays natal et le Velay en amateur éclairé et sagace, et récolta une immense quantité de matériaux qui lui servirent à édifier un ouvrage qui, quoique abstrus par les nombreuses hypothèses et les paradoxes qu'il émet, n'en est pas moins d'un grand mérite.

Le chevalier Dolomieu y fit aussi son premier voyage à-peu-près à cette époque. Ce savant minéralogiste a dû, sans doute, rédiger des notes intéressantes; je ne connais pas encore son travail ni le résultat de son second voyage, après son retour de l'Égypte, où il avait suivi l'armée française.

A cette deuxième époque, Jussieu visita aussi nos montagnes; on ne connaît pas non plus le produit de ses recherches.

Le docteur François Lanthenas, natif du Puy, franchit et observa les sommités les plus élevées ; mais il le fit seulement en botaniste, Bertrand-Morel lui servit de guide dans cette excursion.

Arthur-Young, le plus célèbre agronome qu'ait produit l'Angleterre, érudit aussi profond qu'écrivain élégant, traversa également ce pays ; mais comme son voyage en France se rencontra avec l'époque où les symptômes de la révolution commençaient à jeter les têtes dans le délire, ayant éprouvé quelques désagrémens dans ses courses, il ne put qu'observer rapidement, et son ouvrage s'est ressenti du malaise qu'il éprouva et de la morosité qui l'a accompagné jusqu'au tombeau.

M. Bosc, membre de l'Institut, l'un des plus féconds collaborateurs des *Cours complets d'agriculture et d'histoire naturelle*, aussi habile agronome que profond naturaliste, passa aussi par ces contrées, en l'an 7 ; je n'ai encore rien vu de lui sur l'état physique du Velay. Celui-là pouvait l'observer dans toutes les parties, avec d'autant plus d'avantage que ses connaissances sont plus générales.

Après lui, M. Lacoste de Plaisance, professeur d'histoire naturelle au Lycée de Clermont, parcourut nos montagnes en vrai naturaliste, et ses écrits sur cette matière attestent qu'il était bien pénétré de ce qu'il voulait observer.

M. François Dessaignes, directeur et propriétaire de l'école de Vendôme, aussi natif du Puy, en visitant ses Dieux pénates , fit plusieurs excursions, dans lesquelles je l'accompagnai, et il emporta une collection assez fournie en lithologie. Il faut espérer qu'il fera connaître au public et à son pays natal ses savantes observations.

Depuis, une infinité de savans et d'amateurs français ou étrangers viennent visiter, pendant tous les étés, cette terre classique pour l'histoire naturelle ; et c'est Faujas et ses ouvrages qui nous procurent la présence de tant d'hommes recommandables qui, nous communiquant leurs connaissances , cherchent eux - mêmes à en acquérir de nouvelles.

Si la mairie du Puy faisait construire une fontaine sur la place du Breuil, dont l'établissement me paraît d'une nécessité indispensable, surtout depuis qu'on y a édifié un hôtel de préfecture, et que, du milieu de cette fontaine, il s'élevât une colonne ou une pyramide en pierres de la Pradette , dites de Paravent , sur laquelle seraient gravés, en lettres d'or, les noms de Melchior de Polignac, de Julien, des frères Michel, de Faujas de Saint-Fons et de tous ceux qui se sont éminemment distingués par des talens transcendans, de grandes vertus, ou par une mort glorieuse, en défendant la patrie, penserait-on que cet hommage de la reconnaissance publique ne serait pas un mobile et un stimulant propre à frapper les imaginations ardentes et généreuses, et à développer en elles le germe du génie, qui demeure souvent inerte ou s'avorte pour n'avoir pas trouvé de véhicule à son expansion ?

Penserait-on aussi que les hospices du Puy ne dussent pas faire ériger, au milieu de la grande cour de l'Hôpital-général, un monument à leurs bienfaiteurs ? Et croirait-on attiédir, par cet acte de gratitude, la générosité des donateurs ?

Qu'on ne se fasse point illusion ! Quels que soient l'abnégation et le désintéressement des grandes âmes, la reconnaissance publique est un mobile impérieux auquel personne ne résiste.

Ces monumens, d'un style simple, n'en seraient que plus majestueux, par le nom de ceux qui y seraient inscrits, ainsi que par les actes ou les travaux qui leur auraient mérité cet hommage.

INSCRIPTIONS.

Melchior de POLIGNAC, *né au château de Lavoûte-sur-Loire, en* 1661.

Il fut auteur de l'*Anti-Lucrèce.*

Il est reconnu pour le plus éloquent et le plus habile diplomate de son siècle.

Il rendit de grands services à son prince et à son pays.

Mort à Paris, en 1741 ; ses Compatriotes reconnaissans.

———

Julien, *né à Saint-Paulien, en* 1731.

Il a été proclamé le plus habile statuaire du 18.e siècle.

Modeste autant que généreux, il était ami constant des artistes, bon parent et bon citoyen.

Il fut auteur de la *Baigneuse*, statue de grandeur naturelle qui est au Luxembourg, à Paris; d'un *Ganimède*; des statues du *Poussin*, de *Lafontaine*, d'une *Matrone d'Éphèse*, etc., etc.

Il est mort le 26 frimaire an 14 (1804.)

Les deux frères Michel, *nés au Puy.*

Michel (Robert), l'aîné, *né en* ....., sculpteur de Charles IV, roi d'Espagne, professeur de l'Académie de sculpture de Madrid, *mort en* .....

Michel (Pierre-Antoine), son puîné, *né en* ....., fut un des plus célèbres sculpteurs de l'Espagne. Auteur de beaucoup d'ouvrages en fresque, il embellit par ses chefs-d'œuvre les palais des rois; il fut aussi professeur royal d'architecture à Madrid.

André-Bruno Frévol, comte de Lacoste,

Officier de la Légion-d'Honneur, chevalier de la Couronne-de-Fer et de Saint-Henri de Saxe, officier-général du Génie, *né à Pradelles le* 14 *janvier* 1775; *tué le* 1.er *février* 1809 *au siége de Sarragosse*, où il commandait le Génie.

Faujas de Saint-Fons, ancien juge-mage au baillage de Montelimar, sa patrie.

Il a été le premier qui ait soumis à l'enseignement la science géologique; c'est lui qui a démontré aux savans, que l'Auvergne, le Velay et le Vivarais avaient été, dans des temps reculés, le théâtre de grands bouleversemens occasionnés par les volcans.

Il a donné un ouvrage sur la Lithologie du Velay et d'une partie de la France. Il est mort à Paris, au Louvre, en ...., professeur de Géologie.

Première excursion.

Comme la banlieue et les environs de la métropole de l'ancien Velay forment la plus grande partie du tableau à observer, il importe d'en tracer le plan avec précision et d'une manière concise, afin que des pinceaux habiles puissent en déterminer les ombres et en donner l'ensemble.

Pendant le premier jour, on visitera la ville et tout son amphithéâtre ; on fera attention qu'étant assise, ainsi que le rocher de Corneille qui la couronne, sur un grand banc de sulfate de chaux (plâtre), son exhaussement au-dessus de la vallée qu'elle domine est le reste d'un amoncelement de corps marins dissous et agglutinés par les siècles.

Ce banc calcaire commence sous la maison commune et se prolonge en-delà du village d'Aiguilhe, au nord duquel est assise la butte conique de Saint-Michel, passe sous la rivière de Borne, sert d'intermédiaire au sol végétal et au sol primitif des vignobles de Chausson et du pont d'Estrouillas, court sous le village de Saint-

Marcel, sous les basaltes de la Croix-de-la-Paille , et ne se termine qu'au-dessous du domaine de Chourras , coteau de Chantchany.

Cette carrière qui est exploitée depuis bien des siècles au-dessous de la ville, vers le quartier de Goutairon , pendant ouest, entre Corneille et Saint-Michel, ainsi que sous celui de Vienne, versant sud-est, présente une infinité d'exca-vations ou galeries , sous les édifices qui cons-tituent la haute ville ou l'ancienne cité , et le rocher qui lui sert de cimier.

L'observateur qui aura adopté l'hypothèse de Faujas , que ces deux brèches , ou buttes isolées au milieu de la vallée du Puy ont été poussées du sein de la terre au-dessus de la sur-face , par la force des feux souterrains concentrés, examinera d'abord la nature et la forme de Corneille (*mont Anis* , *mons anisium*), dont la base s'étend au sud-est de la cité , jusqu'au faubourg Saint - Jean , sert de fondement au couvent des Clairistes , à celui de Sainte-Marie, à présent casernes et muséum , à Saint-George, au Séminaire et à toutes les maisons de ce quartier, et surgit par intervalles , en brèches, au-dessus de la place (dite du Baquet) , ainsi que dans la terre du jardin de M. Avit ; si elle est superposée à un grand banc calcaire continu, comme on ne saurait en douter, sa racine connue , dès-lors l'observateur pourra prononcer avec connaissance de cause sur la solidité de cette assertion.

En observant aussi la nature du rocher de Saint-Michel, dans la partie circulaire qui est immédiate au sol végétal, sa contexture, la fissure où est pratiqué l'escalier, sa sommité, puis les détails les plus minutieux, il la comparera à Corneille; mais avant de quitter ses environs, il se placera sur le petit pré qui est au-devant du moulin de l'hôpital, à son nord-ouest, en face du rocher : de cette position, jetant les yeux sur la cassure franche qui paraît immédiatement sous la base du clocher, il examinera si la lave compacte qui constitue cette partie et qui semble même articuler des prismes, a été l'effet d'une coulée tombée dans un moule terreux ou boueux, si elle a été projetée toute formée, ou si elle a été poussée du sein de la terre comme un champignon.

De là, ayant franchi la rivière de Borne par le pont d'Aiguilhe, il gravira le coteau de Chausson, se portera sur la plaine de Figeon, à l'angle du domaine de Rome; assis sur un grand banc de laves compactes, il remarquera le parallélisme du local où il sera avec celui des plateaux voisins; il cherchera le cratère qui les a vomies, s'il en reconnaît la place, et promenant ses regards sur les vallées qu'il dominera et sur divers points d'optique qui lui inspireront bien des réflexions sur les terribles catastrophes qui ont bouleversé tant de surfaces, et sur la chaîne immense des générations qui se sont succédées depuis des périodes ensevelies dans le chaos des siècles, il se rendra raison, s'il le peut, de tant d'événemens passés.

En suivant la lisière du plateau de Figeon, par le sud-ouest, arrivé au village de la Malouteyre (1), il gravira sur la montagne de Denize et sur sa sommité, en perspective de la ville; il observera toutes les hauteurs de formes coniques ou mamelonnées qui s'offriront à sa vue, établies, en majeure partie, par des monceaux de cendres volcaniques ou pozzolanes agglomérés à des laves cellulaires, scories de laves ou laves poreuses.

Il suivra le plateau supérieur de cette montagne jusqu'au-dessus du domaine appelé le Collet, d'où il descendra, pour la tourner, par le chemin neuf, jusqu'à la vue du Puy; là, il se trouvera au-dessus de la Croix-de-la-Paille, monticule qu'il importe de parcourir dans tous les sens; puis, s'inclinant vers sa base au pavé des Géans et aux Orgues, vis-à-vis du domaine d'Escublat, appartenant à M. le major Reynaud, il remontera au-dessus du vignoble immédiat au domaine de Cormail, où il visitera les basaltes prismatiques horizontaux qui ressemblent à des bûchers, et ceux obliques qui sont au-dessus.

En longeant le bas du coteau de Chantchany, vers le hameau du sieur Allirot, on observera

____

(1) Village où il y avait, dans les temps passés, une maladrerie, ou hôpital de lépreux.

une petite éminence, où l'on trouvera quelques fragmens en charbon de terre.

Je pense que cette vallée contient de ce fossile du côté des Estreys, mais à une grande profondeur pénible à exploiter, à raison des eaux dont il serait difficile de se défendre (1), à moins de s'exposer à des dépenses extraordinaires qui, peut-être, ne seraient pas couvertes par les produits.

En suivant la vallée jusqu'en-delà du village des Estreys, on se portera sur la cascade du ruisseau de Combes, au-dessous des ruines du château de Bornette; puis, repassant la Borne, par la planche, on remontera la rive gauche de la rivière, pour visiter la gorge de St.-Vidal, dont la roche coupée à pic, du côté du nord, assigne diverses coulées de basaltes qui, par leurs positions et leurs différens prismes, présentent la forme circulaire d'un soleil, avec son disque et ses rayons.

____

(1) Je crois qu'on pourrait parvenir à exploiter le charbon, qui me paraît remplir tout le fonds de cette vallée, jusqu'en-delà du village des Estreys, et se défendre des eaux par le moyen des pompes à feu; mais je doute si les produits couvriraient les frais d'exploitation, ou ceux auxquels on s'exposerait pour ouvrir des puisarts, chercher la masse et ses divers filons, etablir des étais solides sous un sol mobile où, à une certaine profondeur, on peut rencontrer des basaltes isolés très-pesans, ou de gros blocs de laves détachés des hauteurs et précipités dans ce bas-fonds lors des tremblemens de terre qu'ont dû éprouver ces contrées à diverses époques éloignées et indéterminables.

Il faudrait une compagnie d'actionnaires pour opérer ces fouilles; aussi, si elles étaient couronnées du succès, quel service ne rendrait-on pas au pays, menacé d'une disette prochaine de bois de chauffage! Et quels profits ne ferait-on pas sur la vente du charbon, à proximité de la ville du Puy!

En se dirigeant par Lacussol, il faut passer par Bilhac, d'où on peut observer la vallée de Polignac, les bancs argilocalcaires formant la base du sol végétal, la butte de Rochelimagne, l'embrasure ou la gorge qui a servi de débouché aux eaux qui couvraient jadis cette immense et riche vallée; puis, on remontera par le bourg de Polignac qui domine la butte sur laquelle était construit le château de ce nom.

Il importe de voir cette butte dans son ensemble, comme dans ses détails, de parcourir son plateau, d'examiner la surface circulaire du bourg qui les cerne, les débris de ses anciennes murailles, la tour carrée du château et ses accessoires; enfin, de jeter un coup d'œil sur la fissure de Cheyrac, ayant servi de second débouché aux eaux de la vallée, qu'on suivra pour revenir au Puy, par Chadrac et le pont de Borne.

Deuxième excursion.

Le second jour sera destiné à visiter le Riou-Pezouilloux, pour y chercher des zyrcons, hyacinthes et grenats; pour cet effet, il faudra se pourvoir, au village d'Espaly, d'un petit baquet ou seille, avec lequel on se rendra vers l'embranchement des deux ruisseaux, l'un venant des Brus et l'autre de Clari, à l'entrée du vignoble de Pissevieille. On creusera dans le lit, à peu de profondeur; on ramassera le sable qui s'y trouve, pour le décanter dans le baquet,

au fond duquel se trouveront diverses cristallisations. On peut rencontrer aussi, au milieu
des laves boueuses, en les éclatant, quelques
gros grenats, à qui la roche sert de matrice ou
de gangue.

En montant par les Brus ou par Clari, on doit
visiter le sommet du mont Croustet (1), où l'on
peut observer une masse de laves poreuses,
propre à être exploitée en gros blocs, et à
former diverses constructions solides et légères.

Pour revenir au Puy par Ceyssac, on descendra
le vallon, au milieu duquel est une brèche volcanique, sur laquelle sont les ruines d'un ancien
château seigneurial; et sur ses flancs sont bâtis
l'église, la maison presbytérale et diverses autres
maisons bourgeoises et rurales.

Troisième excursion.

Le troisième jour, en partant un peu matin,
on pourra visiter le plateau de Mont-Redon et le
banc de cailloux roulés sur lequel il est assis;
la Chartreuse; la vallée de Charensac; et arrivé
à l'embrasure du moulin de Peyrard, on suivra

---

(1) Je pense que toutes les montagnes mamelonnées des contrées
volcanisées du Velay, dont les terres sont rougeâtres et où l'on
trouve quantité de pozzolane, si leurs sommités forment une
masse compacte de laves cellulaires, cette masse cache un ancien
cratère, dont les matières combustibles qu'il avait vomies jadis
s'étant consumées, il n'a resté à sa surface que les scories de
laves qui, n'ayant eu assez de force compulsive pour être jetées
hors de leur coupe ou du bassin qui les contenait, s'étaient
rocalisées par le refroidissement. Le mot de Croustet semble
désigner un rocher formé par une croûte de quelque substance
rocalisée.

la fissure de la rivière de Gagne ; mais on fera quelque attention à l'étendue de son ancien lit pratiqué dans un granit très-dur, ainsi qu'à l'encaissement du lit actuel.

En suivant la rive droite, à peu de distance de son embouchure à la Loire, on rencontrera la Roche-Rouge, butte volcanique (1) ; elle a été trop célébrée par Faujas, pour ne pas être examinée dans toute sa contexture. Il importera surtout de fixer l'attention sur sa base, et de se bien convaincre si elle est implantée comme un coin dans le granit, si elle est assise dessus, si elle y a été coulée dans un moule terreux que le temps a dissous et déblayé, ou si s'étant ouvert les flancs de cette roche de nature primitive, elle est apparue ou a surgi comme un champignon.

Demi-heure peut suffire pour la parcourir dans toute sa ligne circulaire ; son isolement au milieu du sol granitique ne doit rien faire préjuger, parce que le cratère de Douhe et ceux de Mons et de Massiore ne sont qu'à peu de distance ; que, d'ailleurs, la butte de Servissac, celle de Peylen et autres, au milieu des granits, sont encore plus isolées, les révolutions physiques et le temps ayant entraîné tout ce qui leur était adjoint.

______

(1) On l'appelle Roche-Rouge, parce que, comparée aux granits sur lesquels elle est assise, sa teinte paraît rougeâtre ; d'ailleurs, comme dans tous les environs on trouve de l'argile à faire la poterie et les tuiles, il peut bien en être entré une partie dans sa composition ou dans sa fusion.

Et comme on voit dans cette partie beaucoup de bouches volcaniques séparées de la grande chaîne, on ne doit pas être étonné de rencontrer quelques brèches, ou quelques masses compactes en laves ou en basaltes, superposées immédiatement au sol primitif et isolément.

Avant de quitter ce quartier, on n'oubliera pas de parcourir toute la sommité de Douhe et son plateau supérieur, en observant aussi le parallélisme de cette montage avec le piton de Brunelet, le plateau de Mons, celui du Monteil, et le cône de Saint-Maurice, au-dessus du village d'Orsilhac.

En passant par Saint-Pierre-Eynac, on cherchera en-delà du village, à son est, au bas d'un petit bois de pin, et en vue de Saint-Julien-Chapteuil, des silex, des petrosilex et du pechstein, dit vulgairement pierre de poix (1); et à quelque distance de là, en suivant la gauche, sans perdre de vue le bourg de Saint-Julien, des quartz laiteux, spaths pesans dirigeront sur un ravin où se trouve une mine de plomb peu abondante, dont on se sert pour vernisser la poterie commune; on rencontre aussi à Chapteuil des pyroxènes ou schorl des volcans.

En tournant à gauche par le Pertuis, village sur la route du Puy à Lyon, où l'on pourra dîner, on suivra la lisière du bois en traversant

____

(1) Pechstein, quartz résinite d'Haüy, ou ménillite, cassure conchoïde, ressemblant à de la résine nouvellement cassée.

le chemin, pour se rendre à Glavenas (paroisse);
au-dessous du village, on trouvera une ferme
appartenant au propriétaire de ce nom, près
de laquelle, dans un ravin, on rencontrera des
galets calcaires, se délitant par feuilles ou par
lames très-minces, d'une à deux lignes, représentant sur toutes leurs surfaces des arborisa-
tions, des paysages et autres figures extrêmement pittoresques.

En revenant sur ses pas, on peut coucher au
Pertuis, ou se rendre à Yssingeaux, chef-lieu
d'arrondissement. Si on couche au Pertuis, le
lendemain on traversera la lisière du bois qui
est sur la gauche, pour se diriger sur St.-Julien-
Chapteuil, en passant par le domaine du Bouchet.
Mais en couchant à Yssingeaux, on prendra
la route de Belle-Combe, sol schisteux et granitique ; on traversera la forêt de ce nom et celle
de Queyrières ; de là on se rendra, par la Chapuze,
à Chapteuil, où l'on verra de belles orgues en
basaltes prismatiques tronqués, d'une grande
longueur et d'un mince diamètre.

En montant par le village de la Pradette, on
tournera à gauche ; là, sur une sommité granitique, on rencontrera une masse de roche
bleuâtre, d'un beau grain, facile à tailler, quoique
dure, avec laquelle on fait des baquets et usines
propres à contenir des huiles et autres liquides.

On en fait aussi de belles colonnes, des socles,
des piédestaux, des chapiteaux, des corniches

et autres ornemens d'architecture; étant susceptible d'être sciée, cette pierre pourrait servir
aux statuaires. La colonnade de l'église du
collége du Puy, ainsi que la porte cochère de
M. de Parron, en ont été tirées; on l'appelle
pierre de paravent, nom du lieu de son gisement

De là descendant par Montusclat, on se
portera sur le lac de Saint-Front, ancien cratère
à environ sept cents toises de hauteur verticale
de la mer de Marseille; il nourrit des tanches
excellentes et des truites saumonnées; mais ces
dernières n'y peuvent pas frayer, à cause de
son fond vaseux, et on est obligé d'y en apporter
périodiquement de petites, qu'on pêche abondamment dans le Lignon, dont la source n'est
pas éloignée.

En tournant à droite sur le village de Saint-
Front, un petit chemin conduira vers le domaine
de l'Aubepin, au bas duquel, et dans la fissure
du ruisseau, on peut examiner une masse de
substances houilleuses, ou de schiste bitumineux, qu'on avait essayé d'exploiter comme
charbon de terre, mais dont on ne put supporter
l'odeur, quoique combustible; elle est assise
sur fonds granitique et couronnée d'une
lave compacte. On montera par le domaine
de Saugues, auprès duquel est un joli bouquet
de gros hêtres, à plus de sept cents toises de
hauteur perpendiculaire de la mer. De là on
gravira la montage d'Ambre, puis le Mezin qui

lui est contigu et à-peu-près parallèle, de même
nature de basaltes prismatiques , ou en tables ;
c'est de cette position très-élevée (on lui donne
927 toises de hauteur) que la vue s'étendra sur
une grande partie de la vallée du Rhône , sur
les chaînes des Hautes-Alpes, des Pyrénées, des
montagnes du Forêt , de Tarare, de la Loire,
de la Margeride , du Mont-d'Or , du Cantal et
du Puy-de-Dôme. C'est là le centre de plusieurs
rayons d'au moins 25 lieues chacun , ce qui
présente un cercle ou bassin d'une assez grande
surface.

On cherchera le cratère qui a vomi les trois
ou quatre montagnes de laves ou de basaltes qui
sont contiguës et presque parallèles. On ira coucher aux Estables , et le lendemain , si le ciel est
serein , on se rendra, une heure avant le jour,
sur le sommet du Mezin, pour y observer la
magnifique apparition de l'aurore et les premiers
rayons du soleil qui , de derrière les Alpes ,
s'élancent sur l'horizon en gerbes de feu; ce
spectacle presque subit est d'autant plus
frappant pour le penseur, que la rapidité de
la céleste courrière échappe à la vue par la célérité du disque de l'astre du jour, qui la pourchasse avec une vélocité inconcevable.

C'est à la suite de cette observation qu'on
peut se rendre compte de la rotation diurne de
la terre, et de son mouvement.

En descendant du Mezin , on tournera à la

gauche méridionale sur le couvent de Bonnefoi, d'où, en suivant la lisière des hautes montagnes du Vivarais jusqu'au pic ou mamelon du Gerbier de Jonc, au bas duquel sont les sources de la Loire, on parcourra le plateau qui est en-delà de Sainte-Eulalie, et on se rendra au village de Mesilhac, pour entrer, le jour suivant, dans les gorges du Vivarais, par Entraignes; puis, tournant vers Burzet, on suivra la rivière jusqu'à Vals ou au pont de la Baume.

Dans cette partie du Vivarais, l'ouvrage de Faujas de Saint-Fons sur les volcans éteints servira d'indicateur.

Après avoir observé les volcans de Vals, on montera par la Begude jusqu'à Aubenas, pour y visiter une carrière de grès et un grand banc calcaire qu'on exploite à son nord-est.

On descendra par la route publique jusqu'au pont de la Baume, où l'on verra trois coulées superposées les unes aux autres, ayant formé trois périodes éruptives.

Ces trois coulées sont coupées à pic, sur la rive droite de l'Ardèche; les basaltes prismatiques posés verticalement et contigus forment une seule masse jusqu'au bourg de Jaujat, au-dessus duquel on peut visiter un cratère bien apparent.

En-delà du ruisseau est un autre cratère appelé la gravène de Neyrat (1); c'est au-dessous

____

(1) Les cratères sont appelés, dans le Vivarais, *gravènes*.

qu'on voit ces puits exhalant de l'air fixe, ou moffettes, qui produisent le même effet que la Grotte-du-Chien près de Naples; j'aurai occasion d'en parler plus bas.

En revenant sur ses pas et passant par un chemin détestable, sur un mauvais pont, vis-à-vis la Jugerie de Porte, on remontera l'Ardèche jusqu'à Thuey; là on grimpera sur le cratère qui est immédiat au bourg; puis, on se rendra à celui de Montpezat qui n'en est pas éloigné; en rétrogradant, on observera la Gueule-d'Enfer, sous le pont de Thuey, l'escalier dit du Diable et le plateau sur lequel est assis le bourg, avec la fissure de la rivière.

Pour arriver au puits de Neyrat, il faut redescendre l'Ardèche; et à un quart de lieue, on la franchit par une planche appuyée sur une belle masse isolée au bord des eaux, formant un pouding de cailloux roulés, de toutes les espèces; puis, on monte par un petit sentier à talons jusqu'à un hameau appelé Neyrat; à peu de distance d'une chétive chaumière, on trouvera deux à trois puits ou trous, de trois à quatre pieds de profondeur, d'où il sort des moffettes qui asphyxient les animaux, tels que les chiens, les chats, les poules, les oiseaux, et qui asphyxieraient les hommes s'ils s'y blottissaient pour se cacher, quand ces trous sont encombrés de terre, ce qui arrive souvent, parce qu'ils sont sans rebords : l'air fixe, alors concentré, ne produit aucun effet, mais il se dégage par toutes les parties du terrain qui environne, ce qui, dit-on, nuit aux récoltes; les préjugés à cet égard sont si invétérés, que les habitans du voisinage les nettoient périodiquement; et c'est immédiatement après ce recurement que les effets sont prompts. Cette opération se fait ordinairement par trois ou quatre personnes qui se relèvent alternativement.

Comme ces puits ne sont pas profonds, un pied de terre qu'on enlève suffit pour faciliter le dégagement de cet air malfaisant. N'y ayant que quelques châtaigniers autour, et une mauvaise prairie à quelque distance de là, je ne vois pas à quelles récoltes l'encombrement de ces trous peut nuire.

Si j'étais à portée du local, je ferais des expériences réitérées, et je me convaincrais par moi-même de la futilité ou de la solidité d'une assertion qui me paraît hasardée ou enfantée par la superstition.

Les habitans de Thuey, de Jaujat, de Mairas, etc., devraient se convaincre, par des observations exactes, de ce que le vulgaire croit trop facilement, sur une tradition accréditée par l'ignorance.

A peu de distance, et au-dessous, on rencontre des eaux minérales du milieu desquelles il s'élève des globules d'air fixe qui viennent s'exhaler à la surface; c'est là les indicateurs ou le baromètre de la nécessité du nettoiement, lorsque les globules sont plus fréquens et plus multipliés.

On voit aussi, en gravissant la côte par le nord, pendant sur l'Ardèche, une fontaine qui pétrifie, en charriant une substance lapidifique dissoute, si ténue ou si fugace, qu'on ne peut l'apercevoir qu'avec une bonne loupe.

Aussitôt qu'on a quitté le plateau de Thuey, pour suivre la chaussée qui conduit à Mayres, on ne rencontre plus aucune trace de volcans jusqu'au-dessus de la Chavade, sommité de la côte dite de Mayres. Toute cette gorge, d'environ quatre lieues d'étendue, est établie sur le sol granitique ; elle est si étroite que, dans plusieurs endroits, il n'y a que la place du chemin du Puy à la Provence, et le lit de l'Ardèche, qui est un abîme, tant cette rivière est torrentueuse (1).

Du fond de la vallée au sommet des montagnes, ce qui ne forme qu'un immense ravin, il y a au moins quatre cents toises perpendiculaires d'élévation, et les versans les plus âpres des deux côtés sont plantés en châtaigniers jusqu'aux sept huitièmes des hauteurs ; l'autre huitième est en hêtres ou en sapins, car à droite et à gauche de la côte de Mayres, les sommités sont couvertes par la forêt de Bozon.

_____

(1) Toutes les rivières et ruisseaux qui descendent dans le Vivarais sont torrentueux, à raison des hautes montagnes où ils ont leurs sources, et des roides escarpemens des ravins où ils se précipitent.

Soit qu'on descende du haut de la côte de Burzet à la Baume, soit qu'on prenne la route de Montpezat pour arriver au même point, soit enfin qu'on choisisse celle de Mayres, qui est la route publique ordinaire et la plus fréquentée, parce qu'elle est la plus praticable comme la plus accessible, des points les plus élevés de ces trois voies, jusqu'au pont de la Baume, il n'y a pas moins de 400 toises d'élévation verticale.

Ceux qui ont parcouru les Pyrénées et les Alpes, s'ils ont admiré les gorges et les abîmes qui se trouvent au milieu de ces deux immenses chaînes, doivent visiter le haut Vivarais et les Cevènes ; mais il faut y aborder, ou par le Velay, ou par le Gévaudan, ou par le Rouergue.

On y parvient par cinq grandes routes bien tracées et accessibles pendant presque toutes les saisons.

D'abord, par celle de Marvejols, pour aller à Montpellier ; par celle de Bayard, Villefort et Génouillat, pour arriver à Alais et à Nimes ; par celle de Mayres pour Avignon et Marseille ; par celle de Saint-Agrève, pour Valence, la Voûte ou Tournon, et par celle de Saint-Bonnet-le-Froid, pour Annonay.

Il y a une infinité d'autres chemins de traverse qu'on ne pratique qu'à dos de mulets, et pour lesquels il faut avoir des guides, à raison d'une quantité d'embranchemens qu'ils forment ; car

quoique ce pays soit malheureux par la difficulté d'y pouvoir trouver une subsistance abondante, et qu'il soit loin d'offrir les mêmes com-
modités que les vallées, il n'en est pas moins
peuplé et couvert de chaumières et de hameaux.

Les habitans laborieux et sobres s'y nourrissent
en général de châtaignes, de quelques légumes
de mauvais pain, du lait et de la chair des
chèvres.

Ceux qui habitent les vallées un peu plus
ouvertes et plus rapprochées du Rhône ou du
midi récoltent des vins recherchés par leur
bouquet et leur délicatesse. Il cultivent aussi
avec succès le mûrier blanc (*morus alba*),
avec la feuille duquel ils élèvent avec soin des
vers à soie dont le produit leur procure toutes
les aisances communes à la vie.

Mais quelle différence n'y a-t-il pas dans les
mœurs, les habillemens, la nourriture, les habitations et tout ce qui constitue l'homme social,
entre les Ardéchéens ou Cevénois du bas pays, et
ceux des montagnes? Les premiers sont gais,
affables, courtois et hospitaliers, tandis que les
autres sont taciturnes, peu communicatifs, ne
parlant que par monosyllabes; ils passent à côté
d'un voyageur sans le regarder; ou, s'ils le fixent,
c'est avec des yeux hagards, en dessous et en
fronçant les sourcils.

Dans tous les pays de montagnes où j'ai
voyagé, j'ai observé que, plus les hommes sont

éloignés de la société et des relations jour-
nalières, plus ils sont durs et difficiles à
civiliser.

Aussitôt que les voyageurs naturalistes auront
gravi la côte de Mayres, arrivés à Peyrebeille,
en-delà de la Narce, ils prendront un sentier à
droite, qui les dirigera vers le village de Montlaur (1), où ils visiteront les grottes pratiquées
dans un rocher de laves poreuses qui le domine;
là se trouvent encore quelques vestiges d'un
ancien château ayant appartenu à la maison
d'Harcourt-Montlaur.

Messieurs Enjolras, qui habitent ce village, et
dont les connaissances égalent l'éducation et la
politesse, se feront un plaisir d'indiquer et de
diriger la route que doivent suivre les observateurs, pour le succès et la facilité de leur voyage.
Cette famille est d'autant plus recommandable,
que les services qu'elle rend au pays, sous tous
les rapports, lui méritent l'estime des étrangers
et la confiance des compatriotes. On ne peut pas
en dire autant de quelques bourgillons du voisinage qui, parvenus et sortis de la poussière, ont
adopté la morgue et l'insolence de la sottise et
de la nullité à laquelle ils sont condamnés.

J'ai oublié de dire qu'avant de quitter le
village de Mayres, on pourrait faire une visite

---

(1) *Mons Laurus* ou Montelaure, parce qu'il y fait toujours
vent; de là un proverbe vulgaire du Puy, qu'à Montlaur les
poules n'y portent jamais la queue droite.

à M. l'abbé Breysse, curé de cette paroisse, homme instruit et d'un grand mérite. On trouvera chez ce pasteur, père de ses ouailles, la bibliothèque la mieux fournie de tout le Vivarais, soit en ouvrages de philosophie, soit en ceux de la bonne littérature. De pareils hommes ne peuvent qu'honorer le sacerdoce et se concilier l'estime et la confiance de toutes les opinions.

En descendant à Concouron, paroisse et chef-lieu de canton, on doit observer le pic qui flanque le village, ainsi que les cavernes qui y sont pratiquées dans la pozzolane.

On doit prendre, de là, le chemin au nord-est pour se rendre à la Chapelle-Graillouse et au vieux château des comtes de la Fare, au-dessous duquel on traversera la Loire, pour se diriger sur le lac d'Issarlès qui est tout proche, où étant parvenu, on peut faire une excursion sur la montagne qui plonge dessus verticalement, ainsi que sur celle qui est en-delà du ravin. On pourrait même monter jusqu'au Béage, où l'on trouverait un gîte passable; et, chemin faisant, on récolterait sur ces sommités du pied de chat, de la lavande, des violettes tinctoriales et beaucoup de plantes alpines.

En redescendant le vallon, arrivé au lac, on doit observer ses rives et son fond, établis en majeure partie sur un grand banc de cailloux roulés, de toutes les dimensions, de toutes les natures, adhérés et rocalisés dans plusieurs endroits par un faible gluten.

Ce lac, qui me paraît inutile sous tous les rapports, d'abord parce qu'il n'a ni vase, ni végétation intérieure ou sur ses bords, ayant un fond de sables et de cailloux, ne produit pas d'ailleurs de poisson délicat et en assez grande quantité pour être pêché avec avantage; en second lieu, parce qu'étant trop bas et trop rapproché de la Loire, il ne peut être un réservoir utile; et finalement, parce que pouvant être facilement saigné, il donnerait dans peu de tems un pacage d'une grande valeur, et l'écoulement de ses eaux servirait à l'irrigation des terres qui sont au-dessous de ce plateau.

Il en serait de même de celui de Saint-Front, qu'il faut peupler en truites, puisqu'elles n'y peuvent frayer, comme je l'ai dit plus haut, et dont le produit annuel n'équivaut pas à la vingtième partie des fourrages qu'il rendrait s'il était mis à sec.

L'un et l'autre ne servent que de réservoir et de véhicule aux grêles, aux orages qui, pendant l'été, s'élèvent en vapeurs de leurs bassins, se condensent dans l'atmosphère et détruisent presqu'annuellement l'espérance des récoltes du voisinage.

Du lac, on doit longer la rive droite de la Loire, par une voie bien tracée qui conduit au plateau où est le village d'Issarlès, bâti sur une épaisse coulée de basaltes prismatiques, au-dessus de laquelle on peut visiter le cratère qui l'a vomie; il est presque immédiat au village et sur la sommité, au sud-est.

On suivra le chemin de Soubrey, où l'on verra un banc argileux, dont on fabrique des tuiles.

Toutes les hauteurs de droite et de gauche de la fissure de la Loire sont les produits des volcans, tandis que le lit du fleuve est granitique. De Soubrey on passera, ou par Salettes et Goudet où l'on verra le pavé de Géans décrit par Faujas, ou par la route de Saint-Martin-de-Fougères où l'on peut observer une profonde rainure en basaltes détachés de leur position verticale, de chaque côté, et formant des orgues. Si on suit le chemin à droite, par le Monastier et la Terrasse, au-dessus de ce village, aussi à droite, sur la direction du Puy, on rencontrera un rocher de laves cellulaires ou spongieuses, en massif, dans lequel on a creusé, au marteau, plusieurs cavernes contiguës ayant servi jadis d'habitation, soit à des Druides ou aux Gaulois, lors des invasions ou irruptions des étrangers, soit, postérieurement, à des Cénobites.

De la Terrasse, en tournant à gauche sur le Crouzet, on rentrera sur le bassin de la Loire, sous Saint-Martin-de-Fougères où l'on passera le bac pour monter le vallon de Florac; des zones de quartz mat, spath pesant ou laiteux, sillonnant des schistes, indiqueront la présence d'un minerai en plomb, anciennement exploité, mais dont le produit payait à peine les frais; ce qui l'a fait abandonner.

Passant par le domaine de Bête, qui est au-dessus de Florac, à peu d'éloignement du manoir et à l'entrée d'un bois de pin, on trouvera dans un rocher de laves poreuses, différentes grottes faites de main d'hommes, où il y a des sarcophages sans couvercles et quelques cryptes.

Si on descend par le Brignon, on peut visiter les grottes de Concis, que les habitans du voisinage indiqueront, et en suivant le courant du ruisseau, on rencontrera une fissure qu'il a pratiquée sur une coulée de basaltes, au bout de laquelle il se précipite en cascade, à plus de 80 pieds de profondeur; là les basaltes verticaux et en orgues sont coupés à pic et forment un vaste précipice, au fond duquel on pêche de bonnes truites et de grosses écrevisses.

On parcourra aussi le plateau de la Baume qui est à droite de la cascade, à son extrémité nord-est, où se trouve un banc de cailloux roulés qui indique l'ancien lit du fleuve; ce même banc reparaît au-dessus de Commarcet et sur les hauteurs de gauche du vallon, mais par intervalles, se perdant sous les coulées de basaltes et de laves.

Il faut ensuite remonter le ruisseau jusqu'au premier moulin, pour prendre la route de Solignac; dans trois-quarts d'heure on peut arriver dans ce chef-lieu de canton, où l'on verra les ruines d'un ancien château ayant appartenu à la maison de Polignac.

Ce village, plus considérable autrefois, est assis sur une épaisse coulée de basaltes, à laquelle est superposée une coulée de laves qui, tranchées du côté de la Loire, offrent la perspective d'une grande vallée couverte de prairies dont l'émail des fleurs et la variété des couleurs présentent, au prinptemps, le plus magnifique tableau comme le plus riant paysage.

En suivant la lisière de cette coulée sur la direction du nord, il faut descendre par le vallon de Cussac, et suivre le chemin qui conduit à Saint-Blaise, *ancien couvent de moines*, assis sur un rocher granitique; c'est là où j'ai observé le rétrécissement du lit du fleuve et l'empreinte graduelle et successive que les cailloux et de grands frottemens ont opérée sur le rocher très-dur; le fond et les deux rives sont de même nature.

En montant le vignoble de Cussac, qui descend jusqu'au chemin, la roideur de cette côte, qu'il faut gravir en chasseur, exige qu'on soit pourvu d'un flacon ou d'une gourde remplie de bon vin, car on sera tout en sueur lorsqu'on arrivera au pied d'une grande masse de laves et de basaltes détachés de leur gisement naturel, et amoncelés les uns sur les autres par quelque terrible tremblement, où on sera obligé de faire halte.

De cette position parallèle à la sommité de la côte opposée, à l'extrémité de laquelle est le château de Poinsac, on rencontrera, par intervalles, sous les basaltes et sous les laves, le grand banc de cailloux roulés qui court cette lisière gauche par-dessus la ligne demi-circulaire du vignoble de Valauri, auquel il semble servir de diadême, et les bois de pin de Charenthus, de Bonnassoux et du Riou, formant la chevelure.

En s'abattant sur le village de Charenthus, on se rendra sur les bords de la Loire ; mais avant d'y arriver, ou pourra observer, dans la vigne de M. Baptiste Aulagnier, un joli banc de basaltes pentagones très-longs, homogènes, d'un bleu foncé, articulant des prismes réguliers, mais d'un très-mince diamètre. On franchira ensuite la rivière sur des barquets de pêcheurs, qu'on trouve toujours sur les bords de l'eau. De l'autre rive, on montera au domaine de Choussiol, où l'on verra avec plaisir, au haut d'un coteau très-pittoresque, une fort belle maison de campagne appartenant à M. Balme, riche propriétaire du Puy, dominant sur de vastes et agréables jardins arrosés par des sources abondantes, et réunissant l'utilité à l'agrément, car on y trouve les meilleurs fruits du pays. Cette solitude romantique est une des plus agréables que je connaisse dans ces contrées, et je doute que la verve de Pétrarque ne fût pas montée d'un ton s'il avait habité ce charmant paysage, et qu'il eût rencontré une Laure à Charenthus ou à Poinsac.

Se dirigeant sur Coubon par les ruines du château de la Roche, on entrera dans les masures ou chétives cabanes creusées dans un rocher de laves poreuses, habitées par plusieurs familles troglodytes qui portent l'uniforme de l'indigence trop commune sur ces montagnes, et qui suent sang et eau pour obtenir quelques pommes de terre et un pain que beaucoup de chiens rebuteraient. Les chrétiens des premiers siècles n'auraient pas souffert leurs semblables dans un pareil état, qui ne peut faire l'éloge de notre civilisation.

Après avoir passé le bac à Coubon, longeant le village de Volhac, on s'arrêtera à Latour, pour y observer une carrière de beaux basaltes, qu'on exploite à peu de distance du village.

Si, de là, on se rendait sur l'autre rive de la Loire, on monterait au vieux château de Bouzols ayant appartenu à la famille des marquis de Montagut, château dont il ne reste que des ruines, pour arriver dans peu de temps au cratère de Massiore, et on grimperait ensuite sur le mamelon de Saint-Maurice. C'est de ce point d'optique isolé au milieu d'une grande vallée, et superposé à un banc calcaire qui l'est lui-même au sol granitique, que l'on pourrait faire de savantes observations sur le ravage des siècles et sur la géologie du pays.

L'homme qui pense et qui réfléchit peut-il se dispenser de comparer tout ce qu'il voit, et de faire diverses applications sur l'état actuel des sociétés politiques ? Dépend-il de lui, s'il a une âme sensible, qu'il soit vrai chrétien ou philosophe, *cela est synonime*, de ne pas se représenter l'homme social dans ses divers rapports avec ses coassociés ? d'examiner *in peto* pourquoi une multitude d'individus constitués en corps de nation, liés par un intérêt commun et réciproque, se sont écartés du pacte constitutif, pour courir après des fantômes, des chimères, et qui, au lieu de rechercher le mobile qui les a réunis, vont au contraire en aveugles se précipiter dans un abîme sans fond.

Les êtres flétris par la misère n'ont point de patrie, ils sont cosmopolites ; étrangers dans un pays où ils ne possèdent rien et qui semble les repousser, il leur importe peu qu'il soit envahi ou qu'il soit soumis à la domination des Francs, des Visigoths ou des Sicambres, d'Alaric ou de Clovis, d'Abderame ou de Charles-Martel. Qu'importait aux Ilotes de servir de bêtes de somme à un Satrape ou à un Spartiate, et à un prolétaire d'arroser de ses sueurs les champs des Suffètes ou ceux des Crésus et des Lucullus ? Conquis et amenés chez l'étranger, leur condition leur paraissait moins dure, puisqu'ils la partageaient avec leurs anciens oppresseurs.

La nature se modifiant continuellement au physique, ou lentement, ou par des révolutions subites, agit de même au moral, et les états, quelle que soit la sagesse de leur administration, éprouvent, à certaines époques, des changemens qu'il est impossible de prévoir ni d'arrêter. Il n'y a que la raison universelle, comme l'a très-bien dit M. de Bonald, et l'équité entendue dans son vrai sens et dans sa juste acception, qui ne puissent changer.

Du haut du pic de Saint-Maurice, on voit au nord-est, dans la vallée, la rivière de Gagne, qui roule ses eaux écumantes sur un lit de granit ; au sud-est et au nord, la Loire qui baigne le banc qui sert de base à la montagne, et de la hauteur isolée où l'on se trouve, on peut parcourir rapidement tous les pitons qui dominent ou ceux qui sont parallèles, et puis s'abîmer dans de profondes réflexions sur les essaims d'atomes qui s'agitent si fort pendant quelques instans, pour se perdre bientôt dans la nuit de l'oubli.

Recueilli sur ce point désert, comme l'était Volney au milieu des ruines de Palmyre, l'être pensant et réfléchissant sur le passé, dont la trace est perdue dans les abîmes du temps, pourrait se dire : Me voilà comme un grain de sable sur une immense dune ; tous les atomes qui me ressemblent se meuvent dans tous les sens.... Êtres éphémères, ils trouvent encore leur existence trop longue.... Ils se heurtent, se froissent et se déchirent; pourquoi? Pour quelques joujoux, un peu de fumée.... puis, pour s'anéantir.... C'est bien la peine de tant se tourmenter! Quelques années se sont écoulées, et il n'est plus fait mention de ces fléaux de l'humanité, de ces dévastateurs des nations. On ne sait pas même en France, ni ailleurs, quel a été le père de l'envahisseur Pharamond.

On ne connaît pas non plus les époques précises où la plupart des grandes cités ont été bâties, ni l'origine de bien des lois et coutumes.

Si les habitans du Velay ignorent quel est le prince qui leur apporta l'image noire de la Vierge qu'on révère au Puy, comment sauraient-ils donc ce qui s'est passé avant la construction de cette cité?

Descendu du piton de Saint-Maurice le voyageur peut repasser la Loire à Latour ou à Jandriac, et s'élevant au haut des vignobles de ce coteau, il en parcourra le quart de cercle supérieur, pour se rendre au Puy par Mons. (*Voyez la Dissertation préliminaire.*)

Quatrième excursion.

Après un repos de deux ou trois jours, on rentrera en campagne par la vallée de Vals ou par le coteau de Taulhac. Arrivé aux Cavernes (1),

______

(1) Ce banc de sable à zones obliques, annonce l'effet des courans qui l'ont amoncelé. On appelle le lieu de son gisement, les Cavernes, parce qu'on y avait pratiqué des excavations en l'exploitant.

à deux pas de la ville, on doit examiner un grand banc de sable qui est à gauche et immédiatement sur le chemin, banc qui n'a pu se rocaliser parce qu'il a manqué du gluten nécessaire. Il est faible et on s'en sert pour les constructions.

Il est divisé en zones alternatives qui indiquent l'effet des courans qui les ont amoncelés ; il est assis sur le calcaire, et dominé par des rochers de laves compactes.

Ce grand banc de sable se reproduit tout le long de la côte, jusqu'au-dessous du domaine de Riou, où on l'extrait par intervalles. On suivra la grande route jusqu'au-dessus des Barraques ; et, à droite du chemin, on verra un monticule de cendres volcaniques, pouzzolanes qu'on exploite, soit pour engraver les routes, soit pour les constructions.

Aussitôt qu'on est en vue du village de Tareyre, on franchit la hauteur qui est à droite, pour se rendre au hameau de Chaponade, et pour, de là, monter au domaine d'Abouzit, qui est immédiat à la base du pic d'Eycenac, où l'on remarque, mais faiblement, la place d'un ancien cratère. Toute cette montagne est constituée à sa surface de cendres volcaniques et de laves spongieuses calcinées par un feu intense, lancées par une grande force projectile, agglomérées ; elles forment un rocher en masse, adhéré par le gluten que les feux du foyer n'avaient pas entièrement altéré.

On rencontre sur tous les versans de ce pic, élevé en mamelon, une quantité de blocs de toutes les dimensions, en laves poreuses (1); il y a aussi de la pouzzolane.

Les bouleversemens qui se sont opérés pendant l'action des volcans sont indépendans de ceux qui sont survenus après leur extinction. A mesure que les eaux de la mer se retiraient vers leur lit actuel, les foyers dont les matières combustibles étaient épuisées, cessaient leurs éruptions, et les matières mises en fusion demeuraient dans ces galeries souterraines, où elles se sont rocalisées par le refroidissement : voilà pourquoi, dans les vallées les plus basses, on rencontre plusieurs zones de basaltes renversés dans le sens opposé à leur retrait, c'est-à-dire, couchés horizontalement, dans quelques endroits obliquement, et verticalement dans d'autres. Il me semble que c'est la manière la plus plausible d'expliquer l'hypothèse sur l'assiette horizontale de basaltes qui n'ont pu intervertir leur position naturelle verticale que par l'effet d'un tremblement ou d'une forte commotion opérée sous eux, par des matières en fusion qui, comprimées dans les creusets qui se

---

(1) On trouvera souvent des épithètes de poreuses, cellulaires, spongieuses, de scories de laves, qui ne sont que les mêmes, sous des adjectifs synonimes, c'est ce qu'on appelle vulgairement dans ce pays (*triffoux*) ; il ne faut pas les confondre avec les laves compactes, quoique quelques-unes portent de petites cavités cellulaires, ni avec les laves boucuses.

trouvaient sous cette masse, cherchaient à s'échapper ou à se frayer une issue par les flancs de la montagne ignivome.

Là où les coulées ont trouvé un bassin étroit mais profond, les basaltes y sont d'une longueur de plus de soixante pieds, en colonnes ou en aiguilles verticales ; mais dans les vallées où elles ont pu s'étendre, et dont la matière n'a pas rempli tout l'espace qui était encore à parcourir lorsque le volcan a cessé son éruption, les basaltes n'ont qu'un banc peu épais ; et si une nouvelle éruption a produit une nouvelle coulée après ce refroidissement de la première, le dernier banc superposé au premier est évident et bien tranché.

Dans les endroits où les bancs calcaires ont été recouverts par une couche épaisse de terre végétale, leurs masses, comme leurs superficies sont demeurées intactes (1) ; mais partout où ils se sont trouvés en contact avec les foyers ou avec la matière fusée, ils se sont agglomérés, et leur déjection a produit les rocalisations blan-

_____

(1) Dans plusieurs des contrées volcaniques du Velay, on trouve souvent entre plusieurs bancs ou coulées de basaltes, de laves ou autres substances volcaniques, des couches de terre végétale interposée, ce qui semble indiquer un grand intervalle de temps d'une coulée à l'autre, car pour que la végétation s'établisse sur des matières brûlées et inertes, il faut un temps moral pour laisser rétablir la couche végétale ; et sans partager dans tout son ensemble l'opinion paradoxale du chanoine *Recupero*, je pense, avec tous ceux qui ont approfondi cette proposition, que le Velay paraît être un peu plus ancien dans son état de végétation, que la grande Grèce et la Sicile, c'est-à-dire, que les lieux volcanisés de ces contrées.

châtres qu'on rencontre par tout le canton du Puy, au milieu desquelles on voit de belles géodes ferrugineuses, dont les parois intérieures sont tapissées par une substance ocreuse.

Cet amalgame adhérent est si peu tenace et si friable qu'on peut le diviser avec la pioche ; aussi son détritus donne un *loâm* de terre très-productif, parce qu'il se trouve dominé par des débris calcaires dont les principes nutritifs n'ont pas été dissous.

En passant par le village d'Eycenac pour se diriger vers celui de Dolezon, on suit le vallon où coule le ruisseau jusqu'à son confluent avec celui de la Roche, qu'on passe sur un petit pont immédiat au moulin, où on s'arrête quelques instans pour y examiner une quantité de grottes taillées dans la pouzzolane ou dans les laves poreuses ; on monte au-dessus du village, et on suit la route publique jusqu'à Bains et à Saint-Privas, en passant par le Lac-de-l'OEuf, ancien cratère.

Arrivé à Saint-Privas, on doit observer la masse de basaltes sur laquelle le château et le village sont assis ; on franchit le grand ravin, qui est au sud-est, et on s'élève au sommet de la chaîne qui, de là, continue jusqu'à Pradelles.

En tournant un peu à gauche, en-deçà de Conil et de Saint-Jean-Lachalm, on s'arrête sur les ruines du château de Mont-Bonnet, construit sur des scories de laves, où l'on voit quantité de cavernes creusées sous presque toutes les maisons rurales de ce village, qui a la forme d'un bonnet, d'où dérive sa dénomination.

Au-dessus des prairies, au nord, entre Mont-Bonnet et Lasbineyres, est un ancien cratère bien dessiné; tous les monticules qui l'entourent sont formés de cendres volcaniques, scories de laves et pouzzolanes.

En remontant sur la sommité qui domine Mont-Bonnet, on tourne à gauche pour suivre l'arête des montagnes au-dessus de Ramourouscle, Sénéjols, Bonnefont et Cayres. Vers le versant du sud, ou plutôt sur la cime de cette chaîne, on se fera indiquer la trace de la *via romana, via bolena*, vulgairement dite (vio bouvene).

En laissant la Glotonie à gauche, on s'élève sur un monticule qui sert de méridien au château de Sénéjols, où l'on trouve de belles vitrifications, de toutes les couleurs, incrustées dans des laves.

On doit s'arrêter au domaine de Rossignol, domicile du maire actuel de St.-Jean-Lachalm; là est un bassin ayant été un cratère, flanqué par trois montagnes de formes coniques, les plus élevées de cette chaîne. Au-dessous, vers le sud, est le village de Trespeuit, nom qui désigne les trois montagnes qui le couvrent (1).

---

(1) Peuil, dont la version française est Puy, *podium*, montagne, en latin, *tres*, trois; leur prosthèse donne la signification de village aux trois montagnes, en le périphrasant; on sait que Puy, dans toute l'Auvergne, désigne une montagne.

C'est de cette position que la vue s'étend le plus ; elle présente, à l'est, le Maygal, le Mezin et sa chaîne jusqu'à Montlaur et la cime de la forêt de Bozon ; au sud-est, la Lozère ; au sud, la Margeride qui forme un grand quart de cercle ; à l'ouest, le Cantal, le Mont-d'Or et le Puy-de-Dôme ; au nord-ouest, les montagnes au-dessus d'Ambert et du Forêt ; au nord, les hautes montagnes du Forêt et de Tarare, et au nord-est, celles du Pyla, de Saint-Bonnet-le-Froid et du Haut-Vivarais.

Le diamètre de ce cercle peut avoir vingt lieues, ce qui donne à-peu-près un horizon de soixante.

En déclinant vers le sud-est par le derrière de Mont-Recoux, on traversera la vaste pelouse de Champlane, celles des terres du Bouchet-Saint-Nicolas, au milieu desquelles est le lac de ce nom (cratère), un des plus élevés et des plus apparens de tous ceux du Velay; les matières qu'il a vomies indiquent ses terribles éruptions. Sa profondeur connue (1), les hauts pics qui l'environnent et la vaste étendue de laves et de cendres dont il a couvert un espace immense nécessiteront l'observateur à donner trois ou quatre heures pour examiner tout ce qui l'entoure. De là, se dirigeant toujours au sud-est vers le

---

(1) Le lac du Bouchet a été sondé en 1788 ou 1789, par plusieurs personnes qui le traversèrent sur la glace, qu'on fut obligé de percer. Il donnait alors dans sa plus grande profondeur, à ce qu'on m'a rapporté, de 80 à 82 pieds.

marais de Landos, où est aussi un ancien cratère, on déviera à gauche sur la Sauvetat; au-dessous de ce village est un bassin dit le Marais d'Hurte, grand et vaste cratère, aussi bien dessiné que celui du Bouchet, mais plus étendu et moins élevé. Les eaux qui le couvraient jadis s'étant écoulées par la fissure d'Hurte, il s'est desséché, et il porte de riches prairies. Le ruisseau qui sert à arroser sa surface, produit par une infinité de sources, fournit des truites excellentes et les plus grosses écrevisses que j'ai vues, noires, fortement cuirassées et d'un goût exquis.

A trois quarts de lieue de la Sauvetat, en suivant la belle voie qui conduit vers la Provence par Mayres, ou vers le Languedoc par Bayard, ou bien vers la Gascogne par Mende, on entre dans un bassin appelé Juif-Harnès (1) ou Hus-Harnès, dont la base est toute granitique, quoique les sommités voisines soient volcaniques; en s'élevant sur Pradelles, dont la route s'embranche à droite, on descend le ravin au bas des prairies, où l'on trouve des stalactites de formes sphéroïdes.

Là finit le sol volcanisé; on rentre dans le

---

(1) Une vieille tradition dit que Juif-Harnès est une dénomination corrompue qui remplace *hus harnes*, mot celtique composé de *hus*, bouche et de sa prosthèse *harnes*, d'enfer, ce qui voudrait dire, bouche d'enfer; cependant il n'y a pas dans cette localité granitique la moindre marque de cratère. D'autres disent Juif-Harnès, nom d'un juif qui y avait établi un cabaret.

terrain primitif, qu'on ne quitte plus, si on suit le chemin qui mène à Toulouse par Mende, jusques dans l'Aveyron, où reparaissent encore les traces d'anciens volcans qui semblent se prolonger jusqu'à Agde.

De Pradelles on descend à Langogne, par une pente roide ayant près d'une lieue.

La ville de Pradelles, désignée dans le Dictionnaire de Vosgien pour être la plus élevée de la France, n'a de remarquable que d'avoir vu naître dans son sein deux grands hommes : l'abbé de Mortesaigne et le général Lacoste, dont j'ai parlé plus haut. Cette ville est ensevelie dans les neiges pendant quatre ou cinq mois de l'année.

Langogne, quoique beaucoup plus bas, sur la fissure de l'Allier, ne jouit guère de plus de chaleur; il s'y fait un commerce en serges et en cadis assez considérable. Cette ville serait susceptible de grands établissemens en fabriques de laine et de soie, mais il faudrait tirer sa bourgeoisie de l'engourdissement et de l'apathie où elle est.

La vie animale y est délicate : on y mange de bonnes truites, des ombres, du saumon, des tacons et d'excellent gibier.

En prenant la route de Grandrieux, on pourra suivre toute la haute chaîne de la Margeride, pour revenir par Langeac; mais il vaut encore mieux longer les rivages de l'Allier jusqu'à

Alleyras ou à Vabres, pour se rendre au château de Labeaume, assis sur un sol volcanique. C'est le seul endroit en-delà de l'Allier, dans l'arrondissement du Puy, où les coulées de laves se soient le plus étendu. En traversant la rivière, on verra ce château sur un monticule immédiat à la rive gauche; vers cet endroit et sur la rive opposée, on trouvera un domaine appelé Poutez, habité par MM. Chauchat, où l'on est assuré de manger le meilleur poisson de ces montagnes.

Le chevalier, ancien capitaine, homme instruit, se fera un plaisir de guider les voyageurs vers une sommité granitique, au-dessus de la côte qui domine le hameau. Sur la rive droite du chemin de Vabrettes à Poutez, immédiat à un bois de hauts sapins, on trouve dans un mauvais champ, souvent en friche, une quantité prodigieuse de gros cristaux de quartz, d'une belle eau, à prismes bien articulés, transparens et réfrangibles; des quartz grenus et des quartz hyalins, de couleurs rouge, orangée, bleue et violette.

Dans le bassin d'Alleyras, au-dessus de Poutez et dans la vallée de l'Allier, on voit un grand banc d'argile avec laquelle on y fait de la bonne poterie, plus légère et plus homogène que celle de Charensac.

En suivant le cours de la rivière jusqu'à Monistrol, où l'on s'arrêtera, pour monter à Saugues par la côte de la Magdeleine, ou bien par le vallon du château d'Ombret, on peut observer, dans un petit ruisseau abondant en truites, une grande quantité de moules *(mitillus fluviatilis)* qu'on dit perlières. J'en ai pêché à diverses reprises; je m'en suis fait apporter plusieurs paniers, et je n'ai pu rencontrer aucune perle; cependant Bertrand-Morel m'a affirmé en avoir vu d'assez grosses, diaphanes, s'obscurcissant ou prenant un teint terne en peu de temps.

Saugues, petite ville de la Haute-Loire, autrefois du Gévaudan, n'a rien de remarquable que la bonne chère qu'y font les habitans riches. Il y a des fabriques de molletons et de serges, dites de Saugues, et il s'y fait un commerce assez considérable en laines et en bestiaux, parce qu'il s'y tient beaucoup de foires.

L'instruction de la jeunesse, en général, pourrait être mieux soignée; en faisant voyager les garçons, ils secoueraient quelques-uns de ces préjugés barbares, transmis par des siècles malheureux, et trop largement inculqués.

De Saugues, si on ne veut pas redescendre par la vallée de l'Allier et la suivre jusqu'à Langeac, on prendra la grande route, par le hameau de Besq, jusqu'au village de Chanteuges qu'on trouvera au milieu des eaux, adossé contre un monticule de basaltes prismatiques, d'où on longera la rive gauche de la rivière jusqu'à Langeac; et filant par Lavoûte-Chilhac, on verra dans cette ville un pavé de géans et des orgues de basaltes.

De l'autre côté de la rivière, vers Paulhaguet, les volcans n'ont pas été aussi continus; ils ont été plus isolés, et leur chaîne cesse d'être élevée.

De Lavoûte on se rend à Murat, en traversant une autre chaîne qui prend de la consistance et beaucoup d'élévation, en s'étendant au-dessus de Blesle.

A Murat, on peut observer des basaltes prismatiques bien articulés, parmi lesquels on en trouve d'un mince diamètre.

On peut s'adresser à M. Trèves fils, notaire, homme instruit, qui se fera un plaisir d'indiquer aux voyageurs des trous ou abîmes qui sont aux environs de cette ville.

En tournant à droite sur Chaudes-Aygues, on observera l'abondance des eaux thermales qui filtrent sous ce bourg, et leurs divers degrés de chaleur, selon les localités où elles se trouvent, à proximité ou à un certain éloignement des sources.

Là on prend la gauche vers le Cantal; puis, vers le Mont-d'Or jusqu'au Puy-de-Dôme, où on pourra répéter les expériences faites par MM. Ramon, Delambre et Mechain, et antérieurement par Pascal, sur la pesanteur de l'air et sa rareté, sur l'effet des réfractions, et sur la hauteur vraie de ces trois montagnes.

On désignera, dans un journal, le point où

la chaîne volcanique cesse ou commence, si on prend là son point de départ, pour la suivre jusqu'à Rochemaure-sur-Rhône ou *vice versâ*.

Dans ce voyage, qui doit être d'environ deux mois, en y comprenant les séjours, il faut arriver au Puy, point central, au moins vers le 1.er juillet pour le terminer à la fin d'août. On peut faire une immense collection en lithologie ou en plantes, ainsi que d'utiles observations pour le progrès des sciences.

TABLE DES MATIÈRES.

VOCABULAIRE

Pour servir à l'intelligence de quelques mots employés dans cet ouvrage, avec lesquels beaucoup d'agriculteurs ne sont pas familiers.

A.

ABORIGÈNES, *s. m. pl.* naturels d'un pays.

Aberration, *s. f.* pris astronomiquement, changement apparent des étoiles ; au figuré, erreur.

Absorption, *s. f.* action d'absorber, de réunir, de prendre, de s'emparer.

Abstrus. se, *adj.* difficile à concevoir, à expliquer; il s'applique aux choses.

Acception, *s. f.* sens d'un mot, sa vraie signification.

Acclimatation, *s. f.* (terme agronomique) action d'acclimater.

Acerbe, *adj.* âpre.

Acéré. ée, *adj.* tranchant, bien éfilé.

Acesceuse, *s. f.* qui tourne à l'aigre.

Acescent. te, *adj.* substance aigre.

Acrimonie, *s. f.* âcreté, mauvaise disposition de la sève , du sang.

Acide carbonique, *s. m.* gaz formé par la combinaison du carbone avec l'oxigène.

Adhérence, *s. f.* réunion intime d'une chose à une autre.

Ados, *s. m.* talus, élévation en talus.

Aériforme, *adj.* réduit à l'état de l'air, qui en acquiert quelques propriétés.

Affinité, *s. f.* tendance à se réunir.

Agglomérer, *v. n.* réunir, rassembler.

Agglutiner, *v. a.* consolider, figer, former corps.

Agrégation, *s. f.* admission, réunion de plusieurs choses, amalgame.

Ailé. e , *adj.* qui a des ailes, semences ailées des pins, des sapins, etc.

Aire, *s. f.* place quelconque, le fond, la surface, place où l'on bat le grain.

Alkali, *s. m.* substance qui forme divers sels en se combinant avec les acides (*Voyez* Fourcroi).

Alkohol, *s. m.* esprit ardent, esprit de vin très-pur. La nouvelle chimie en fait une substance très-raréfiée.

Alluvion, *s. m.* accroissement de terrain produit par les eaux.

Alumineux. se, *adj.* de la nature de l'alun.

Alvéole, *s. f.* cavité, cellule où les abeilles déposent leur miel.

Ambiant. e, *adj.* qui enveloppe, air ambiant, qui entoure, terme de physique.

Amalgame, *s. m.* réunion, combinaison chimique ou naturelle de plusieurs substances.

Améliorer, *v. a.* rendre meilleur.

Amender, *v. a.* corriger, améliorer.

Amphore, *s. f.* vase de capacité des Romains, propre à contenir des liquides.

Anachronisme, *s. m.* faute, erreur de date sur la chronologie.

Analogie, *s. f.* rapport, affinité, ressemblance.

Androgyne, *s. m.* plante qui a deux sexes.

Anfractuosité, *s. f.* éminences ou cavités inégales.

Anguleux. se, *adj.* qui a plusieurs angles.

Animalcule, *s. f.* petit animal qui échappe à la vue.

Animadversion, *s. f.* censure.

Antédiluvien. e, *adj.* qui a précédé le déluge.

Août. e, *adj.* mûri. Aoûtement, *adv.* ayant acquis sa maturité.

Apathie, *s. f.* indolence, insensibilité.

Arable, *adj.* terre labourable.

Archéologie, *s. f.* dissertation sur les monumens antiques.

Archipel, *s. m.* quantité d'iles rapprochées les unes des autres.

Ardu. ë, *adj.* lieu escarpé; au figuré, difficile à comprendre.

Arimane, *s. m.* mauvais principe, génie du mal chez les anciens.

Arome, *s. m.* principe odorant, savoureux, des fruits, des plantes.

Aruspices, *s. m.* prêtres du paganisme qui prédisaient l'avenir par l'inspection des entrailles des victimes.

Argilocalcaire, *s. f.* substance composée d'argile et de chaux.

Ascension, *s. f.* ce qui monte dans un tube, dans des canaux séveux.

Asphyxie, *s. f.* privation subite de l'air, défaut de respiration.

Assolement, *s. m.* alternat de culture.

Attraction, *s. f.* action d'attirer à soi, de se réunir.

Atterrissement, *s. m.* depôt de terres fait par les eaux.

tmosphère, *s. f.* masse d'air qui entoure la terre jusqu'à une certaine hauteur.

Augure, *s. m.* prêtre du paganisme qui prédisait l'avenir par le vol des oiseaux.

Aubier, *s. m.* dernière couche ligneuse et circulaire d'un arbre, blanchâtre, qui annuellement se recouvre par le liber, sève élaborée, qui forme une nouvelle couche entre l'écorce et la partie ligneuse.

Avalaison, *s. f.* chute d'un torrent, substances entraînées par les eaux d'orage.

B.

BASALTE, *s. m.* pierre produite par les volcans. C'est la partie la plus homogène des matières fondues par l'action d'un feu intense qui, en se refroidissant, donne les basaltes de toutes les formes, qu'il ne faut pas confondre avec les laves. C'est mal-à-propos qu'on les appelle des marbres noirs, ils sont toujours bleuâtres ou grisâtres.

Bahut, *s. m.* mur faisant dos d'âne ou double talus.

Berge, *s. f.* bord roide, escarpé d'une rivière, d'un fossé de chemin ou d'une terre.

Bitume, *s. m.* fossile huileux et inflammable.

Biographie, *s. f.* histoire de la vie des hommes d'un pays.

Bombice, *s. m.* genre d'insectes lépidoctères, dont la larve est une chenille, le ver à soie.

Bombille, *s. m.* insectes diptères, grosses mouches qui en voltigeant pompent le suc des fleurs, sans se poser dessus.

Bruine, *s. f.* petite gelée blanche, pluie froide.

Brindille, *s. f.* petites branches des arbres à fruit, posées sur les branches mères et destinées à porter fruit.

Brumeux. se, *adj.* couvert de brumes, de nuages.

Brèche, *s. f.* butte volcanique. On entend par ce mot un amalgame de diverses substances mises en fusion par les volcans, et formant un exhaussement irrégulier, mais adhérées, comme Corneille, Saint-Michel, le rocher d'Espaly, de Polignac, etc.

Bulbe, *s. f.* oignon.

Bulbeux. se, *adj.* qui tient de l'oignon, du caïeu.

C.

CABALINE, *adj.* qui tient au cabal des agriculteurs : les bœufs, vaches, chevaux, moutons, etc.

Cafier, *s. m.* arbre qui porte le café.

Calciner. *v. a.* oxider, réduire en poudre par le feu ou par les météores.

Calfeutrer, *v. a.* boucher les fentes d'un appartement, d'une usine, etc.

Caduc. que, *adj.* qui tombe annuellement; feuille caduque, qui se détache.

Campagnol, *s. m.* espèce de rat de champ, dans la forme du loir, avec lequel on le confond.

Caïeu, *s. m.* qui ressemble à l'oignon; rejeton de l'oignon.

Carbonique, *adj.* gaz acide carbonique formé par l'oxigène et le carbone.

Carbone, *s. m.* charbon pur.

Carie, *s. f.* pourriture.

Calcaire, *adj.* tout ce qui tient de la chaux.

Cellulaire, *adj.* tissu, partie de l'écorce des arbres, des plantes, remplie de cellules.

Cénotaphe, *s. m.* tombeau vide, élevé à la mémoire de quelqu'un.

Centripète, *adj.* opposé à centrifuge. Force centripète, qui tend vers le centre.

Céréales, *adj.* graines farineuses, grains cultivés.

Chancissure, *s. f.* moisissure, commencement de putréfaction.

Cénobites, *s. m. pl.* moines, religieux.

Clairière, *s. f.* endroit d'un parc, d'une forêt, dégarni d'arbres.

Chorographie, *s. f.* description d'un pays.

Cloque, *s. f.* maladie qui attaque les pêchers, les pruniers, etc.

Circulaire, *adj. 2 g.* ligne qui entoure.

Cohésion, *s. f.* réunion, adhérence de deux corps, force qui réunit.

Cohobation, *s. f.* action de distiller, faire passer plusieurs fois un liquide sur son résidu.

Conflagration, *s. f.* embrasement général d'un pays, d'une planète.

Condenser, *v. a.* rendre un corps dur, compacte.

Condensation, *s. f.* action de ce qui durcit.

Confluent, *s. m.* endroit où se réunissent deux rivières.

Compacte, *adj.* dont les parties sont très-resserrées, condensées.

Coléoptères, *s. m.* insectes dont les ailes sont recouvertes par des étuis tels que les scarabées, etc.

Combustible, *adj.* ce qui est propre à brûler, à s'enflammer.

Cône, *s. m.* colonne dont la base est plus large en circonférence que la hauteur, pyramide à base circulaire.

Contexture, *s. f.* au figuré, enchaînement de propositions d'un livre, d'un discours, etc.

Contraction, *s. f.* action de contracter, de resserrer.

Contact, *s. m.* deux corps qui se touchent, se heurtent.

Constitutif, *adj.* qui établit, qui constitue.

Corpuscule, *s. m.* petit corps, atome.

Cosmopolite, *s. m.* homme qui n'adopte point de patrie, qui n'est à aucun pays.

Cosmogonie, *s. f.* système de la formation de l'Univers.

Cosmographie, *s. f.* description du Monde.

Coutre, *s. m.* fer tranchant posé en avant de la charrue, sur le soc, servant à couper les mottes.

Craie, *s. f.* carbonate de chaux, calcaire, substance blanche et adhérente.

Cratère, *s. m.* bassin contenant la bouche d'un volcan.

Cucurbitacée, *adj.* famille des courges, melons, calebasses, etc.

Crypte, *s. m.* souterrain où l'on enterre les morts.

Cylindre, *s. m.* grand rouleau à base circulaire.

D.

DIALECTE, *s. m.* idiome, langage d'un pays, d'une ville.

Décanter, *v. a.* verser doucement un liquide, pour connaître et obtenir le résidu qu'il dépose, ou bien les matières pesantes entrées dans son mélange.

Décantation, *s. f.* action de décanter.

Déclivité, *s. f.* ce qui est en pente.

Déflagration, *s. f.* combustion avec flamme.

Densité, *s. f.* ce qui est compacte, dur.

Déjection, *s. f.* action par laquelle on verse.

Détritus, *s. m.* résidu, objet détérioré de son premier état.

Diaphane, *adj.* transparent.

Dilatation, *s. f.* action de dilater, d'étendre, d'élargir.

Diurnal, *s. m.* de chaque jour.

Drageon, *s. m.* rejeton venu de la racine d'un arbre.

Druides, *s. m.* prêtres des anciens Celtes, des Gaulois et autres prêtres du nord.

Dunes, *s. f.* parties sablonneuses élevées sur les bords de la mer.

E.

ÉCLIPTIQUE, *s. f.* ligne que décrit le soleil sur le zodiaque.

Éclisses, *s. f.* petits morceaux de bois ou de bâtons minces qui servent à redresser ou à soutenir une branche fracturée ou se dirigeant mal.

Écobuer, *v. a.* enlever les mottes, couper les broussailles d'un terrain en friche pour le mettre en culture.

Écobue, *s. f.* houe ou pioche tranchante et recourbée propre à l'écobuage.

Écope, *s. f.* pelle à rebords pour arroser.

Effervescence, *s. f.* action du mouvement de la sève ; du raisin quand il est en tas dans la cuve.

Efflorescence, *s. f.* réduction d'un corps en matières salines, état d'un minérai par l'action du feu.

Effriter, *v. a.* appauvrir la terre, l'épuiser faute d'engrais et par des cultures forcées.

Égayer un arbre ; lui enlever les branches surabondantes et parasites.

Eaux thermales, *s. f. pl.* eaux naturellement chaudes, servant à prendre les bains.

Élaborer, *v. a.* en agriculture, les sucs s'élaborent ou se perfectionnent par une action chimique naturelle.

Élaboration, *s. f.* action d'élaborer.

Élaguer, *v. a.* soustraire, retrancher.

Élastique, *adj.* faculté d'un corps de s'étendre, de s'élargir.

Électricité, *s. f.* propriété de certaines substances à communiquer une action sensible, soit par le frottement, le contact d'un fluide électrique.

Électriser, *v. a.* action de communiquer le fluide électrique.

Élément, *s. m.* corps simple qui doit entrer dans la composition de diverses substances. La nouvelle chimie n'admet plus des corps simples, parce que tout ce que les anciens appelaient élément, se trouve composé.

Élucubration, *s. f.* travail opéré à force de veilles.

Embryon, *s. m.* fœtus enfermé dans un ovaire, dans la matrice, principe d'une plante.

Embouchure, *s. f.* réunion d'une rivière à une autre, ou d'un fleuve dans la mer.

Émergent. te, *adj.* qui sort du milieu des eaux, rayon qui a traversé un corps diaphane.

Émietter, *v. a.* réduire en miettes, en petites parties.

Émotter, *v. a.* briser, rompre les mottes.

Émonder, *v. a.* ôter les branches mortes ou parasites d'un arbre.

Endémique, *adj.* maladie particulière à un pays.

Engouer, *v. a.* s'enthousiasmer, s'entêter d'un système, d'une opinion.

Entomologiste, *s. m.* qui s'occupe de l'étude des insectes.

Épizootie, *s. f.* maladie contagieuse des bestiaux.

Équateur, *s. m.* premier cercle de la sphère, qui coupe le globe en deux parties, également éloigné des deux pôles.

Équinoxes, *s. m.* les deux époques de l'année où les jours sont égaux aux nuits, dans le printemps et dans l'automne.

Érosion, *s. f.* qui ronge, qui corrode.

Éruption, *s. f.* d'un volcan, son action lorsqu'il lance ses matières enflammées ou qu'il répand ses laves.

Éruptif. ive, *adj.* qui agit par éruption, action brusque et violente.

Escourgeon, *s. m.* orge qu'on sème avant l'hiver, ou orge hâtive.

Essaim, *s. m.* gouvernement et société des abeilles.

Essaimer, *v. a.* action de produire un essaim, une colonie.

Essorer, *v. a.* sécher.

Éther, *s. m.* matière subtile qu'on croit être répandue dans tout l'Univers, mais plus spécialement en-delà de l'atmosphère.

Eubages, *s. m. pl.* Druides, prêtres gaulois occupés de la divination.

Eveux. se, *adj.* terrain qui retient l'eau, qui est toujours humide.

Excentrique, *adj.* cercles en dehors d'un corps, d'un cône, d'un tube.

Excorier, *v. a.* déchirer, faire une plaie.

Excortication, *s. f.* action d'enlever l'écorce d'un végétal.

Excursion, *s. f.* faire une irruption dans un pays, un voyage, une visite, pour en connaître la situation.

Excroissance, *s. f.* tumeur qui pousse sur une branche d'un végétal.

Exfoliation, *s. f.* séparation des feuilles, ou enlèvement d'un corps par feuillets.

Exhumer, *v. a.* faire reparaître; au figuré, faire ressusciter.

Exigu. ë, *adj.* (*familier*) petit, mince, modique.

Expansion, *s. f.* état d'un fluide qui se répand, qui se dilate.

Explorer, *v. a.* examiner, chercher.

Exotique, *adj.* qui est étranger au pays, au climat.

Exsudation, *s. f.* sueur, transpiration morbifique.

Extraire, *v. a.* tirer, séparer d'un tout.

Extravasion ou extravasation, *s. f.* épanchement des sucs ou des humeurs des plantes ou de la sève.

Exubé rance, *s. f.* grande abondance.

F.

Falun, *s. m.* amas de coquillages marins.

Falunières, *s. f. pl.* bancs de falun.

Fane, *s. f.* feuille des plantes.

Fécule, *s. f.* un des principes constituans de quelques végétaux farineux.

Fastidieux. se, *adj.* qui cause de l'ennui.

Fétide, *adj.* odeur fétide, mauvaise, désagréable.

Feu (élémentaire), *s. m.* ce que les anciens appelaient Éther, principe du feu

Feldspath, *s. m.* spath étincelant; il se trouve dans les granits, rochers primitifs.

Fibrille, *s. f.* petite fibre, fibre déliée.

Fibres, *s. f.* filamens minces, déliés, dont sont composés les corps des animaux et des plantes.

Figer, *v. a.* condenser, coaguler.

Filandreux. se, *adj.* qui a des filandres, qui est chanvreux.

Fissipèdes, *adj.* quadrupèdes dont les doigts sont séparés.

Fistuleux. se, *adj.* plante qui a la tige vide au-dedans.

Fissure, *s. f.* fente, sinuosité, enfoncement.

Fluide, *s. m.* qui coule, qui s'étend, se dilate: l'air, l'eau, etc.

Fluviatiles, *adj.* plantes, coquillages, eaux des fleuves.

Fossile, *adj. et s. m.* corps trouvé ou tiré de la terre; ossemens pétrifiés, charbon de terre.

Forficule, *s. f.* genre d'orthoptères frugivores, comme les perce-oreilles.

Fourvoyer, *v. a.* s'égarer, manquer la voie qu'on cherche.

Fourrageuses (plantes), *s. f.* à donner du fourrage.

Friche, *s. f.* terre inculte, laissée sans culture, abandonnée.

Friable , *adj.* qui peut être mis en poussière , en poudre.

Fœtus , *s. m.* animal formé dans le ventre de sa mère.

Fragment , *s. m.* morceau séparé d'un tout.

Friction , *s. f.* action de frotter un corps ou une partie.

Frugivore , *adj.* qui se nourrit de végétaux.

G.

GALLINSECTE , *s. m.* de la famille des hémiptères.

Gallinacées , *s. f. pl.* famille des poules , pintades, etc.

Gangue , *s. f.* matrice ou corps auquel est attaché un métal , un minéral.

Garigue , *s. f.* lande , terre inculte , couverte de végétaux croissant naturellement.

Gaz , *s. m.* fluide aériforme réduit à l'état de vapeur.

Gélatineux. se , *adj.* qui ressemble à la gelée.

Gélivure , *s. f.* gerçure des arbres causée par les fortes gelées.

Géologie , *s. f.* étude de la terre , théorie de la terre, histoire naturelle du globe.

Géopone , *s. m.* celui qui traite de la théorie de l'agriculture.

Géoponiques , *adj.* livres qui traitent de l'agriculture.

Gisement , *s. m.* situation naturelle des pierres , des minéraux, des métaux , etc.

Glèbe , *s. f.* fonds de terre qu'on ne pouvait pas quitter , parce qu'on y était attaché et qu'on appartenait à un fief ; à présent, on entend des mottes de terre.

Glaise , *s. f.* terre compacte et imperméable.

Gui , *s. m.* plante parasite qui croît sur les arbres , particulièrement sur les chênes , les poiriers, les pommiers et les châtaigniers.

Gluten , *s. m.* ciment naturel , qui réunit et adhère les pierres , les rochers.

Glutineux. se , *adj.* visqueux, gluant.

Gourmand. e , *adj.* en agriculture , les branches gourmandes sont celles qui absorbent la sève de leurs voisines. On les courbe ou on les soustrait.

Granit , *s. m.* rocher primitif, composé de feldspath , de mica, de quartz et de schorl , cristallisés et agglomérés ensemble. Il y en a qui sont moins composés (*Voyez le nom de chacun*).

Graniteux, granitique , *adj.* qui dérive du granit, ou dissolution qui provient du granit.

Granivore , *s. m.* qui se nourrit de grains.

Graveleux. se , *adj.* qui tient du gravier, en état de gravier.

Graviter , *v. a.* terme de physique , peser sur un point de la circonférence au centre.

Grève , *s. f.* sable qui est sur les bords de la mer ou des grandes rivières.

Grès, *s. m.* rocher formé avec du sable et un gluten minéral.

Gymnosophistes, *s. m. pl.* anciens philosophes indiens.

Gypse, *s. m.* sulfate de chaux, plâtre en cristaux.

H.

Hanscrit ou Hanscret, *s. m.* langue savante des Indiens.

Herbivore, *adj.* qui se nourrit d'herbe.

Herse, *s. f.* instrument d'agriculture servant à applanir le terrain après les semences, ou à briser les glèbes.

Hémisphère, *s. m.* la moitié du globe terrestre.

Hétérogène, *adj.* qui est de différente nature.

Hiérophante, *s. m.* chef des prêtres dans les temples de Cérès-Éleusine.

Homogène, *adj.* de même nature.

Homogénéité, *s. f.* qui est de nature homogène.

Horizon, *s. m.* endroit où se termine notre vue quand on est placé dans un lieu, toute la partie où peut s'étendre la vue en tout sens; l'horizon est l'extrémité des rayons du lieu où l'on se trouve.

Horizontalement, *adv.* parallèlement à l'horizon.

Houille, *s. f.* charbon de terre, substance bitumineuse.

Houe, *s. f.* instrument de jardinage, qui correspond à l'*eyssade* du Velay.

Housse, *s. f.* en agriculture, c'est une poignée de paille mise en peloton, avec laquelle on frotte les arbres pour les nettoyer ou pour faire remonter la sève après une forte gelée.

Hydrogène (gaz), *s. m.* air inflammable.

Hydrophobe, *s. m.* qui a les liquides en horreur, attaqué de la rage.

Hygiène, *s. f.* manière de conserver la santé.

Hiéroglyphe, *s. m.* caractères symboliques, mystérieux.

Humus, *s. m.* terreau provenant de dissolutions. On peut dire humus animal, végétal ou minéral, selon les substances qui sont entrées dans sa composition.

I.

Igné. ée, *adj.* de la nature du feu.

Ignition, *s. f.* état d'une chose en feu.

Ignivome, *adj.* qui vomit du feu.

Incandescence, *s. f.* état d'un corps qui est brûlant.

Incubation, *s. f.* action de faire couver des œufs.

Incursion, *s. f.* course de gens dans un pays.

Imperméable, *adj.* corps au travers duquel aucun fluide ne peut passer.

Incinération, *s. f.* action de réduire en cendres.

Incohérence, *s. f.* défaut de liaison.

Inerte, *adj.* terre inféconde, sans activité.

Inhérent. e, *adj.* naturellement réuni, inséparablement.

Intensité, *s. f.* activité, force.

Intertropical. e. *adj.* qui croît entre les tropiques.

Intumescence, *s. f.* gonflement, excroissance subite.

Intus-susception, *s. f.* introduction d'une matière dans un corps organisé, ou accroissement du dedans en dehors.

Irréfragable, *adj.* qui ne peut être contredit.

Irruption, *s. f.* entrée inattendue d'une horde ou des ennemis dans un pays.

Isiaque, *adj.* table isiaque, qui représente les mystères d'Isis.

J.

JACHÈRE, *s. f.* terre labourable qu'on laisse reposer.

Jéhovah, *s. m.* Dieu, mot hébreu.

Juxta-position. *s. f.* t. d'hist. nat., substance homogène qui se réunit à une autre pour s'adhérer, ou substance lapidifique qui se réunit à une autre par la force d'attraction ou d'affinité.

L.

LACINIÉ. E, *adj.* feuilles découpées, comme celles du persil, etc.

Lapidifique, *adj.* substance de la nature des pierres, propre à se cristalliser, à former corps.

Larve, *s. f.* ver, chenille, premier état de certains insectes.

Latitude, *s. f.* distance d'un lieu à l'équateur, divisée par degrés.

Lazzy, *s. m.* jeu muet, mimique, signe de moquerie.

Légumineux. se, *adj.* strictement parlant, cela se rapporte aux fruits qui ont des gousses, mais dans plusieurs pays on généralise l'acception, parce qu'on rend ce mot générique pour une infinité de plantes potagères, même tuberculeuses.

Liquéfaction, *s. f.* en état de liquide.

Lithologie ou Lithographie, *s. f.* traité sur les pierres.

Loâm, *s. m.* mot anglais qui n'a pas de correspondant en français. Il désigne une quantité de terre végétale où une substance domine; loâm calcaire, lorsqu'il y a plus de calcaire, etc.

Lobes, *s. m. pl.* les deux parties séminales d'un pepin, d'un noyau, de certains légumes, tenant à la radicule et au dard de la plante; échancrure des feuilles, portion détachée d'un viscère, mais avec lequel elle est intégrante.

Longitude, *s. f.* distance d'un lieu au premier méridien connu.

M.

MARSAIS (BLÉS), *s. m. pl.* semence de céréales du mois de mars.

Maraîcher, *s. m.* qui cultive le jardinage dans les marais.

Marne, *s. f.* terre calcaire propre à engraisser les terres.

Manichéisme, *s. m.* secte qui admet deux principes, l'un bon et l'autre méchant.

Mancénillier, *s. m.* arbre vénéneux d'Amérique, de la famille des tithimaloïdes.

Marées atmosphériques, *s. f.* flux et reflux occasionnés par les vents ou par les mêmes influences que les marées de l'Océan.

Méridien, *s. m.* grand cercle de la sphère, qui passe des pôles au zénith du lieu où on veut le placer.

Médullaire, *adj.* qui appartient à la moelle.

Métempsycose, *s. f.* transmigration ou passage d'une âme dans un autre corps.

Méphitisme, *s. m.* exhalaison malfaisante.

Météorologiques, *adj.* observations physiques sur les météores ou les phénomènes de l'air, les vents, les froids, etc.

Miscible, *adj.* qui a la faculté de se mêler.

Moite, *adj.* un peu humide.

Mofettes ou Moufettes, *s. m. pl.* exhalaisons pernicieuses qui s'élèvent, en se dégageant, des souterrains où il y a des minéraux, ou qui renferment de l'air fixe.

Molécule, *s. m.* petite partie d'un corps.

Morose, *adj.* chagrin, inquiet, de mauvaise humeur.

Morosité, *s. f.* mauvaise humeur.

Mucozosucré, *s, m.* muqueux doux sucré.

Mucilagineux. se, *adj.* gommeux, visqueux, gluant, gélatineux.

Mystique, *adj.* allégorie, excès de dévotion.

N.

Nitreux. se, *adj.* qui tient du nitre.

Nitrique (acide) *s. m.* formé d'oxigène et d'azote.

Nutritif, *adj.* qui nourrit.

Nouûre du fruit, *s. f.* Le fruit noue ; aisément lorsque la fleur est bien fécondée, il se développe avec vigueur.

O.

Œnologie, *s. f.* traité sur la vigne et sur le vin.

Œnologue ou Œnologiste, *s. m.* celui qui écrit sur la vigne.

Officinal. e, *adj.* plantes officinales qui servent aux pharmaciens.

Oléagineux. se, *adj.* huileux.

Oléifère, *s. f.* qui produit de l'huile.

Optique, *s. f.* perspective.

Opaque, *adj.* qui n'est pas transparent.

Organique, *adj.* qui tient à l'organisation, aux organes.

Oromaze, *s. m.* bon principe, génie du bien chez les anciens, opposé à Arimane.

Orgues volcaniques , *s. f. pl.* basaltes déposés en tubes d'orgues.

Ovaires, *s. m. pl.* partie des animaux ovipares où se forment les œufs.

Ovine , *adj.* qui appartient à la race des moutons.

P.

Parenchyme , *s. m.* tissu tendre et charnu des plantes.

Paradoxe , *s. m.* proposition contraire à l'opinion reçue.

Papyrus , *s. m.* arbrisseau d'Égypte et d'Arabie sur l'écorce duquel les anciens écrivaient.

Parasite , *adj.* plante qui absorbe et dévore les sucs nourriciers des autres plantes.

Pénurie , *s. f.* extrême disette.

Pepin , *s. m.* graine des fruits, des raisins, des pommes, etc.

Période , *s. f.* mesure de temps, époque.

Perpendiculaire , *adj.* 2 g. plan droit, ligne droite, verticale à l'horizon, sans pencher ni incliner plus d'un côté que d'un autre.

Percussion , *s. f.* action d'un corps qui en frappe un autre.

Perspicacité , *s. f.* sagacité, pénétration, intelligence.

Perspicace , *adj.* qui a de la sagacité.

Pétrosilex , *s. m.* espèce de pierre mêlée de chaux et de silex, qui fait feu au briquet.

Phlogistique , *s. m.* corps ou matière facile à s'enflammer.

Physiologie , *s. f.* partie qui traite de la connaissance des corps organisés.

Pivotant. e , *adj.* racine qui s'enfonce perpendiculairement dans la terre.

Plâtras , *s. m.* débris de murs enduits de plâtre.

Phénomène , *s. m.* tout ce qui paraît extraordinaire dans la nature.

Polluer , *v. a.* prophaner les lieux saints, les églises.

Polythéisme , *s. m.* qui admet la pluralité des Dieux.

Post-diluvien , *s. m.* après le déluge.

Poudingue , *s. m.* pierre ou corps composé de petits cailloux ou de plusieurs agrégations.

Pozzolane ou Pouzzolane , *s. f.* sable provenu de dissolution volcanique, tirant son étymologie de Pouzzole, ville du royaume de Naples, où elle abonde.

Prédéterminant. e , *adj.* did., en parlant de Dieu, qui a déterminé avant l'action.

Préexistant. e , *adj.* qui a existé avant.

Pression , *s. f.* action de presser.

Projeter , *v. a.* lancer un corps en l'air.

Projectile , *s. m.* force projectile, qui lance.

Prisme , *s. m.* faces égales et parallèles avec des parallélogrammes, faces à plans irréguliers, triangulaires, carrés, en losange, etc.

Prismatique, *adj.* à prismes, à faces égales, coupées par des pans ou angles.

Pyrrhonisme, *s. m.* douter de tout. Il dérive de Pyrrhon, chef de la secte des Sceptiques.

Pulvérulent. e, *adj.* réduit en poussière.

Pyrite, *s. f.* sulfure métallique, combinaison du soufre avec des alkalis et des métaux.

Pyriteux. se, *adj.* qui tient de la pyrite.

Q.

QUARTZ, *s. m.* pierre très-dure, plus souvent blanchâtre, un peu transparente, à cassure franche, enrayant le verre, faisant feu au briquet, dont la base est la silice; triturée ou pulvérisée elle sert à faire le verre. Il y en a de toutes les couleurs, de cristallisés, alors ils prennent la dénomination de quartz hyalins; ils se trouvent dans les rochers primitifs, surtout dans les granits.

Quinconce, *s. m.* plantation d'arbres en échiquier.

R.

Radical. e, *adj.* humide radical, qui tient au principe de l'existence. Radical, principe d'une chose.

Rafale, *s. f.* coup de vent à l'approche des montagnes.

Raréfier un corps, le dilater, lui faire prendre un plus grand espace.

Réfraction, *s. f.* changement de direction en passant à travers des corps réfrangibles.

Réfrangibilité, *s. f.* action de réfracter.

Réfrangible, *adj.* corps réfrangible, qui réfracte la lumière, la transmet.

Région, *s. f.* zone ou climat; on entend aussi les diverses régions de l'air, de l'atmosphère.

Répercuter, *v. a.* repousser en dedans la sève, les humeurs; répercuter le son, la lumière, la réfléchir.

Rotation, *s. f.* en agriculture, c'est le changement de soles et leur retour periodique.

Rumb, *s. m.* un des trente-deux vents de la boussole d'où se dirigent les vents.

S.

Sarcophage, *s. m.* tombeau où les anciens déposaient les corps morts non soumis à l'incinération.

Sanhédrin, *s. m.* synode ou concile tenu par les juifs ou leurs rabbins.

Sécler, *v. a.* serrer, durcir; sécler la terre, la piétiner.

Schiste, *s. m.* pierre noirâtre qui se sépare et se délite comme les ardoises.

Schorl, *s. m.* cristal noir en aiguilles qu'on trouve parmi les granits.

Scorie, *s. f.* débris grossier d'une substance qui est chassée par celles qui sont homogènes.

Se saturer ou saturer, *v. a.* se nourrir, s'unir, se combiner avec une substance propre et homogène.

Scarification, *s. f.* incision faite sur un corps organisé.

Sceptique, *s. m.* qui doute ou fait semblant de douter de tout.

Scepticisme, *s. m.* doctrine des sceptiques.

Scientifique, *adj.* qui a rapport aux sciences abstraites.

Scientifiquement, *adv.* d'une manière scientifique.

Scintillation, *s. f.* t. d'astron. étincellement.

Sédiment, *s. m.* ce qu'il y a de plus grave et de plus grossier dans un liquide, qui se précipite ou se repose au fond d'un vase, d'un contenant.

Silice, *s. f.* terre sablonneuse.

Siliceux. se, *adj.* qui tient de la silice.

Sinuosité, *s. f.* détours tortueux d'un fleuve, d'un chemin.

Sélénite, *s. f.* sulfate de chaux, ce qui est produit par le plâtre.

Sole, *s. f.* grains, racines, légumes et fourrages qu'on sème alternativement dans les terres arables; chaque sole est la division annuelle et alterne des semences.

Solstice, *s. m.* époque où le soleil est plus éloigné de l'équateur.

Spath, *s. m.* pierre feuilletée qu'on trouve dans les granits, avec les minéraux et avec les calcaires.

Spath pesant, spath laiteux, quartz mat, *s. m.* espèce de jaspe sans transparence; c'est ordinairement l'indicateur d'un minérai.

Sphérique, *adj.* rond comme une sphère.

Sphéroïde, *s. m.* sphère d'un diamètre plus grand l'un que l'autre.

Spleen, *s. m.* état de consomption.

Spontané. e, *adj.* ce qui s'exécute sans réflexion, sans une volonté déterminée.

Spontanément, *adv.* d'une manière spontanée; plantes qui croissent spontanément, c'est-à-dire, sans culture et sans soins, les vents, les oiseaux et autres circonstances imprévues ayant transporté les germes.

Stationnement des plantes, *s. m.* leur zone propre, le climat qui leur convient, et hors duquel elles ne peuvent subsister long-temps.

Surgeon, *s. m.* drageon, rejeton qui naît des racines.

Surgir, *v. a.* paraître, arriver, aborder.

Superposer, *v. a.* poser dessus.

Superposé. e, *adj.* ce qui est mis dessus.

Superposition, *s. f.* ce qui est superposé.

Stant. e, *adj.* qui est fixé, sédentaire dans un lieu.

Symbole, *s. m.* figure, image, peinture qui désigne une chose, allégorie.

Symbolique, *adj.* qui a rapport au symbole.

Syncope, *s. f.* défaillance, pâmoison, évanouissement.

T.

TALUS, *s. m.* pente d'un mur, d'un terrain.

Talusser, *v. a.* mettre en talus.

Ténace, *adj.* terre dure, difficile à diviser.

Ténu. e, *adj.* qui est fort délié, qui est peu compacte.

Testacé. e, *adj.* couvert d'écailles, coquillages.

Théogonie, *s. f.* système religieux du paganisme.

Thérapeutes, *s. m. pl.* moines juifs, suivant un régime contemplatif.

Thérapeutique, *s. f.* art de traiter les maladies.

Tinctorial. e, *adj.* qui est propre à la teinture.

Topographie, *s. f.* description d'un lieu particulier.

Torse, *s. m.* statue qui n'a que le tronc ; arbre tors, ébranché.

Trombe, *s. f.* colonne d'eau et d'air qui s'élève de la mer ou des grands lacs.

Triangle scalène, *s. m.* dont les trois côtés sont inégaux,

Trituré. e, *adj.* qui est réduit en poudre.

Trachées, *s. f. t.* de botan. vaisseaux roulés en spirale qui transmettent les sucs dans toutes les parties des plantes.

Transumant. e, *adj.* qui voyage.

Troglodites, *s. m. pl.* peuples qui habitaient dans des cavernes.

Tropiques, *s. f. pl.* il y en a deux : celui du cancer et celui du capricorne. Ils commencent l'un et l'autre à l'équateur jusqu'au 1.er degré. Tout ce qui croît dans cet espace est intertropical.

Tube, *s. m.* tuyau ou cylindre creux.

V.

VAPORISATION, *s. f.* action de vaporiser.

Vaporiser, *v. a.* réduire en vapeur, en gaz.

Véreux. se, *adj.* qui est attaqué par les vers.

Versoir, *s. m.* petite oreille ou pelle attachée au cep de la charrue, pour écarter la terre.

Vertical. e, *adj.* perpendiculaire à l'horizon.

Vibration, *s. f.* tremblement, petit mouvement d'un corps, des cordes d'un instrument, d'une pendule.

FIN.

ERRATA.

Page 19, avant-dernière ligne des notes, au lieu de *Ebre*, lisez *Elbe*.

Page 33, lig. 9, au lieu de *auspices*, lisez *aruspices*.

Page 41, lig. 7, au lieu de *gissemens*, lisez *gisemens*.

Même page, lig. 17, au lieu de *anti-diluvienne*, lisez *antédiluvienne*.

Page 41, lig. 22, au lieu de *gissement*, lisez *gisement*.

Page 63, lig. 17, au lieu de *Arveni*, lisez *Arverni*.

Page 105, lig. 15, premier mot, au lieu de *nance*, lisez *tance*.

Page 139, lig. 3, au lieu de *soient convaincus*, lisez *soit convaincu*.

Page 158, lig. 2, au lieu de *délayés*, lisez *délavés*.

Même page, lig. 19, au lieu de *s'exale*, lisez *s'exhale*.

Même page, dernière ligne, au lieu de *poulins*, lisez *poulains*.

Page 159, lig. 11, premier mot, au lieu de *Ont*, lisez *On*.

Page 195, lig. 4, au lieu de *Choseuil*, lisez *Choiseul*.

Page 213, lig. 2, au lieu de *cornue*, lisez *cornud*.

Page 293, dernier mot de la deuxième lig. de la note, au lieu de *sans*, lisez *sous*.

Vocabulaire, 1.ʳᵉ page, neuvième mot, au lieu de *Acesceuse*, lisez *Acescence*.